# 设计心理学 —— 4

## 未来设计

The Design of Future Things

［美］唐纳德·A·诺曼 著　小柯 译

Donald Arthur Norman

中信出版集团·CHINA**CITIC**PRESS·北京

图书在版编目（CIP）数据

设计心理学.4，未来设计／（美）诺曼著；小柯译.—北京：中信出版社，2015.10（2022.11重印）
书名原文：The Design of Future Things
ISBN 978 - 7 - 5086 - 5413 - 3

Ⅰ.①设… Ⅱ.①诺… ②小… Ⅲ.①工业设计 - 应用心理学 Ⅳ.①TB47 - 05

中国版本图书馆 CIP 数据核字（2015）第 191667 号


The Design of Future Things by Donald A. Norman

Copyright ⓒ 2007 by Donald A. Norman

Simplified Chinese translation copyright ⓒ 2015 by CITIC Press Corporation

Published by arrangement with the author through

Sandra Dijkstra Literary Agency, Inc. in association with

Bardon - Chinese Media Agency

ALL RIGHTS RESERVED

本书仅限中国大陆地区发行销售


设计心理学4：未来设计

著　　者：[美] 唐纳德·A·诺曼
译　　者：小　柯
策划推广：中信出版社（China CITIC Press）
出版发行：中信出版集团股份有限公司
　　　　　（北京市朝阳区惠新东街甲 4 号富盛大厦 2 座　邮编　100029）
　　　　　（CITIC Publishing Group）
承　印　者：北京诚信伟业印刷有限公司

开　　本：787mm×1092mm　1/16　　　印　　张：11.75　　　字　　数：181 千字
版　　次：2015 年 10 月第 1 版　　　　印　　次：2022 年 11 月第 40 次印刷
书　　号：ISBN 978 - 7 - 5086 - 5413 - 3/G·1230　　定　　价：42.00 元
京权图字：01 - 2014 - 0945

# 目　录

## 第一章

# 小心翼翼的汽车和难以驾驭的厨房：机器如何主控

我正驱车穿行在家与太平洋之间的崎岖山路上，一边是旧金山湾区的美景，另一边是太平洋瑰丽的海岸，一路上急弯陡坡掠过高耸入云的红杉树林，多么惬意的旅程。面对挑战，汽车可以应付自如，连急转弯都从容不迫。至少，这是我个人的看法。可是，我注意到妻子却很紧张，有些恐惧。她的脚紧紧地蹬着车底板，双肩耸起，双臂抵住仪表盘。"怎么回事？"我说："不要担心，我没问题的。"

现在来想象另外一种状况。还是在同一条弯曲的山路上行驶，我发觉车子有些紧张、有些惊恐。座椅直立起来，安全带收紧，仪表盘开始对我发出讯号。我注意到刹车已经自动开启。"噢，"我心里想："我最好慢下来。"

汽车会受到惊吓，你认为这是幻想吗？我向你保证：绝对不是。一些豪华轿车已经具备这种能力，而且会越来越普遍。当汽车偏离车道时，有些车会犹豫不决；鸣笛，振动方向盘或座椅，或在侧边后视镜有灯光闪烁。汽车厂商正在进行试验，使用逐步矫正的办法让驾驶员重新回到自己的车道。在过去，通过转向灯来告诉其他驾驶员你想转弯或变换车道，在新设计中，转向信号就是你与自己的车的沟通方式，即告诉你的车子你确实想转弯或变换车道。"嗨，不要阻止我，"转向信号会告诉你的车子，"这就是我要做的。"

我曾经是专家顾问团的成员，给一家大型汽车公司提供咨询。当我讲述自己对妻子的反应与对车子的反应不同时。"怎么会呢？"莎瑞·特克（Sherry Turkle）问，她是专家团的同事，麻省理工学院教授，而且是研究人与科技关系的专家。"为什么你想倾听车子的反应，而不是你妻子的感受？"

为什么？确实是个问题。当然，我可以做出理性的解释，但有人会漏掉重点。当我们赋予自己周围的物体更多的主动权，更多的智能、情感和个性，那么我们就不得不考虑如何与它们互动。

为何看起来我对车子的反应比对我的妻子更加在意？答案并不简单，但简要地说，就是沟通的问题。当妻子埋怨时，我可以问她抱怨的原因，然后同意她的看法或试着让她放心。我也可以改变自己的开车方式，以减轻她的忧虑。然而，我不能与自己的汽车对话，所有的沟通是单向的。

"你喜欢你的新车吗？"我问汤姆，刚经历了一场马拉松式的会议，此刻在送我到机场的路上，"导航系统怎么样？"

"我喜欢这部新车，"他说："可是我从来不用导航系统，我不喜欢它。我喜欢自己决定走哪一条路。（一旦开启自动导航）它就不让我做主。"

人比机器有更强的能力，所以机器比人有更大的权力。听起来似乎有些矛盾？是，但确实如此。想想在商务谈判场合，谁拥有更强大的能力。如果你想从谈判中得到最大的好处，你认为应该派谁去，董事长还是职位低一点的人？答案与直觉相反：通常，职位低一点的职员能达成较有利的谈判。为什么？因为不管对方的谈判能力是多么的强势，弱势的这方代表没有权力做最后决定。即使面对很有说服力的建议，他们可以简单地说："对不起，在未与我的上司沟通之前，我无法给你一个答复。"然后，第二天回到谈判桌时说"对不起，我无法说服我的上司。"一方非常强势的谈判代表，反而可能被说服，接受弱势者提出的条件，即便过些时日后他们又有些后悔。

成功的谈判者大都了解这种谈判伎俩而不让对方得逞。当我与一位成功的律师朋友谈这件事时，她冲我直乐。"嘿，"她说，"如果另外一方对我玩这个伎俩，我会打电话给他们的上司。我才不会让对方这一招给耍了。"然而，机器却会这一招，而且令我们无法拒绝。当机器介入时，我们没别的选择，只好让其主导。"要么这样，否则免谈。"它们说，而这"免谈"并不是一个选项。

看看汤姆的困境。他希望自己汽车的导航系统提供路线，系统就提供路线给他参考。听起来挺简单，就是人机交互，非常好的一段对话。可是，听听汤姆的苦衷："它不让我做主。"高科技的设计者常以自己设计的系统具有"沟通能力"为荣。可是，进一步分析发现，这是"用词不当"：那并不是真正的沟通，即没有双向的一问一答的真正对话。充其量只不过是两句单向的自言自语。我们对机器发出指令，然后，机器对我们回以指令。两句独白并不能构成对话。

在这个特殊的例子里，汤姆还是有选择的。如果他把导航系统关掉，车子照常可以行驶。所以即使导航系统不让他对推荐的路线横加干涉，简单地不用它就好。可是别的系统并不一定会有这种选择：避免使用这类系统的唯一办法就是不开车。问题是，这些系统价值巨大，它们或许还不完善，但能减少伤亡。所以，我们要思考：如何改善人与机器的沟通以便善用机器的优势和长处，同时减少它们令人讨厌、甚至危险的动作。

当科技越进步越强势时，科技与人进行良好的合作与沟通也越来越重要。合作意指协调一致的行动以及提供说明和理由。合作意味着互信，一种只能经由经验和了解才能建立起来的信赖。使用自动化系统，即所谓人工智能设备，有时会发生过度信赖，或是不够信任的情况。汤姆决定不依赖车子导航系统的指令，可是有时候拒绝使用科技可能会造成伤害。例如，假如汤姆关掉车子的防抱死刹车系统，或是稳定控制系统，会有什么样的后果？很多驾驶员认为自己比这些自动化系统做得更好。事实上，除了专业资深驾驶员外，防抱死刹车系统和稳定控制系统在控制车辆时比一般驾驶员表现得更好，它们挽救了很多生命。可是驾驶员怎么知道哪些系统值得信赖？

为了安全和便捷方面的考虑，设计师倾向于尽可能地应用自动化技术。除非仍有技术上的限制，或是成本太高，他们的目标是全面自动化。然而，这些限制意味着有些工作只能部分自动化，所以操作者必须经常注意机器的操作，当机器不能正常操作时，必须由人来接手。当一件工作只有部分自动化时，最重要的是人和机器任何一方都必须知道彼此在做什么和其用意。

## 两句独白并不构成一段对话

　　苏格拉底：菲德拉斯，你知道，写作是很奇怪的东西……它们与你说话时好像很有智慧，可是当你虚心地询问它们说了些什么，它们只是一再告诉你同样的东西。

　　　　　　　　　　　　——《柏拉图：对话录》（*Plato：Collected dialogues*，1961）

　　两千年前，苏格拉底辩称书籍会摧毁一个人思考的能力。他笃信对话、交谈和辩论。但面对一本书，你不能同它辩论，书中的文字也不能回应你。如今，书是学问和知识的象征，难免使我们轻视这种说法。可是认真地想一想，尽管苏格拉底如是说，书面文字确有教诲功能。我们无须与作者辩论文字内容，但我们可以彼此辩论和探讨，或在课堂上，或参与讨论小组。如果探讨的话题很重要，我们还可以经由各种媒介工具来讨论。除此以外，苏格拉底的看法是对的：没机会给人讨论、解释或辩论的科技不是好的科技。

　　以我曾任职商业界高级主管和大学系主任的经验，我深知做决策的过程比决策本身更为重要。当一个人做决定时没有好好解释或多方征询意见，别人既不会相信也不会喜欢这个决定。即使同样的决定，如果是经过讨论和辩论后而做出的，效果就会大不一样。很多商界领导者会问："既然最后的结果都是一样的，何必浪费时间开会？"但最后的结果并不一样，虽然最后的决定本身看起来是一样的，这些决定出台的过程、执行的方式却不尽相同，尤其当事情未按照原来计划发展的话，一个精诚合作、互相理解的团队与一个只听从指挥的团队，对事情的处理会有很大的不同。

尽管汤姆认为导航系统有时候会很有帮助，但仍然不喜欢它，他没有办法与该系统协商来满足自己的需要。即使他可以做些高层次的选择——最快的路线、最短的路线、风景优美的路线或避开收费站的路线——但他不能与导航系统讨论为什么选择某条路线。他不知道为何路线 A 比路线 B 好，是由于导航系统考虑到此段路线包含时间较长的交通信号灯和很多的"停车"标志吗？再说，假如两条路线只有些细微差异，如一小时的路程，只差一分钟？他也许偏爱某一路线，尽管会多花一点时间，可是系统没有给他这些选项。导航系统做决定的方法非汤姆所知，即使他有意要信赖这系统，系统的神秘和静默也增加了汤姆的不信任，就像商业中那些没有员工参与讨论的自上而下的决定，很难得到员工的信任。

假如导航系统能够与驾驶员讨论路线呢？假如它们可以将备选线路同时显示在地图上，还包括每一条路线的距离、预计行驶时间和费用，让驾驶员可以自行选择？有些导航系统已经这样做了。例如从加州的那帕溪谷（Napa Valley）的圣赫勒纳市（St. Helena）开车到帕洛阿托（Palo Alto）的路线可由下表显示：

**从加州的圣赫勒纳到加州的帕洛阿托**

|   | 里程数 | 预计时间 | 路线 | 路费 |
|---|--------|----------|------|------|
| 1 | 152km | 1 小时 46 分钟 | 经由敦巴顿桥 | 4 美元 |
| 2 | 158km | 1 小时 50 分钟 | 经由旧金山海湾大桥 | 4 美元 |
| 3 | 166km | 2 小时 10 分钟 | 经由金门大桥 | 5 美元 |

这明显有改善，但仍然不是对话，导航系统说："有三个方案，选择一个！"我不能要求更多细节或做某些改变。我熟悉这三条路线，所以我知道最快速、最短距离和最便宜的路线同时也是最没有景观的，实际上，景色最宜人的路线并不包括在内。假如驾驶员不像我那么熟悉这些路线，

那这有限的资料就无法满足驾驶员的需要。事实上，以上的例子虽然还是很有限，比起同类却已经算是不错的导航系统了。这表示我们还有一条很长的改良之路要走。

如果我的车子判断即将发生车祸，就自动竖直座椅或自行刹车，在这过程中，车子既没向我询问也没同我商议，更不用说告诉我原因。毕竟，车子的判断是根据机械、电子的科技，那么就一定比人更正确吗？不，其实不然。计算或许没有问题，可是在计算之前，它必须根据路况、其他交通状况和驾驶者的能力做种种假设。专业驾驶员有时候会把自动系统关闭，因为自动系统不能让他们施展身手。也就是说，他们会关闭所有可能关闭的自动系统，但许多新车甚至强制性地不给驾驶员这种选择。

不要认为上述行为仅限于汽车，未来的用品会有类似且更广泛的问题。智能银行系统已被用来决定是否提供客户贷款；智能医疗系统可以决定病人需要接受何种治疗或服用什么药物。未来的系统能够监测你在饮食、阅读、音乐和电视节目方面的偏好。有些系统会监控你在哪里开车，如果你违反相关规定，它们会自动通知保险公司、租车公司，甚至警察。其他一些系统可以用于监控盗版，确定什么是规定内允许的。所有这些例子里，智能系统根据有限的行为事例，然后大致推测你的意向，如此一来所采取的行动难免有些武断。

所谓的智慧型系统也流于过度自满，它们自认为清楚什么对人们最好。然而，它们的智慧极为有限。而这有限性就是最根本的问题：一部机器不可能充分掌握影响人做决定的所有因素。但这并不妨碍我们接受智能设备带给我们的帮助。当机器逐渐能做更多的事，它们就需要与人有更多的社交；它们需要改善与人沟通和互动的方式，了解自身的限制。只有如此，它们才能真正有用。这就是本书的一个重要主题。

当我开始写这本书时，我以为使机器能与人沟通的关键是发展更好的对话系统。但我这想法并不对。成功的对话需要共通的知识和经验。它需要对四周环境、前后脉络、导致目前情况的历史背景以及当事人众多不同的目标和动机等都要有所领悟。现在我认为这正是当今科技的根本局限，这种局限阻碍了机器全面、拟人化地与人互动。人与人之间要建立共通的了解本来就很难，那我们如何寄望与机器建立这种关系？

为了与机器进行有效的合作，我们需要把人与机器间的互动多少看成人与动物之间的互动。虽然人和动物都有智慧，但我们不是同类，有不同的认知和能力。同样，即使最智能的机器也不是我们的同类，它们各有自己的长处和短处，有自己的一套认知系统和能力。有时我们需要追随动物或机器，有时它们需要听从我们。

### 我们将去向何方？谁将主宰？

吉米告诉我："我的车子差点让我发生车祸。"

"你的车子？怎么可能？"我问。

"在高速公路上长驱向前时，我使用自适应巡航系统（adaptive cruise control）。你知道，它能让汽车保持匀速前进。当前方有车时，车子会自动减速，以保持安全距离。就这样不久，路上汽车越来越多，所以我的车也减速慢了下来。后来，我快到达出口，就把车子转进右侧车道，准备离开高速公路。到那时，我已经使用自动巡航系统很久了，一直保持在低速下，连自己都忘了自动巡航系统还在开启中，可是车子没有忘记。我猜想它一定在自言自语：'好棒啊，我前面终于没有车子了。'然后它开始加速，直至高速公路上的限速——尽管此时正行驶在出口匝道上，需要慢速行驶。幸亏我很警觉，及时踩了刹车，否则后果不堪设想。"

我们如何适应科技，正处于重要变化之际。直到现在，人都还在主宰机器。我们控制机器的开关，指示它做何操作，并引导它完成一系列的操作。当科技越来越强大和复杂，我们就越不能了解它如何作用，更难以预测它的行为结果。当电脑和微处理介入，我们经常会感到迷惘和困扰、烦恼和气愤。我们仍然自认为在主宰机器。而实际上，现在我们的机器正在逐步接管一切。它们看似颇具智慧和意志，其实不然。

机器善意地监控着我们的一举一动，当然，这是为了安全、方便或者精确。当一切都正常时，这些聪明的机器确实有帮助；增进安全，减低重复动作带来的无聊，使我们的生活更方便，而且比我们更精确地完成任务。当一部车子突然从前面硬挤进来时，我们的车子能自动平稳地换挡减速，的确是件很好的事。同样的，微波炉知道马铃薯已经熟了，也是件不错的事。可是，如果机器失败了呢？如果它做了不当的动作，或与我们争夺控制权，那会怎么样？吉米的车子注意到前面没车，因此在出口匝道上以高速公路的速度加速前进，结果如何？同样的机器在正常状况下很有用处，然而在突发状况下却会降低安全，减少舒适性和丧失准确性。对我们身处其境的人，它会导致危险和不适，带来挫折和气愤。

现今，当机器设备出现问题时，大都有提示和警报信号来表示自身的状态。当机器有了问题，经常需要操作者在没有预警的状况下参与控制，经常没有充分的时间做出适当反应。吉米幸亏能及时纠正汽车自动巡航系统的错误。如果他没有及时发现问题呢？也许就会因此造成车祸而受到责怪。而讽刺的是：现实中，当一部所谓的智能设备导致出现事故时，经常会被归咎于人为错误。

要让人和智能设备之间顺畅地互动，合理的方法是同时增强人与设备双方的协调与合作。可惜设计这些系统的人往往不了解这一点。设备是如何判断什么事情重要或不重要的？尤其当某情况下重要的事，而在另外一种情况下也许并不重要？

我曾经告诉数家汽车公司的工程师有关吉米和他的汽车的故事。他们通常有两种反应：首先，他们责怪开车的人，驾驶者在即将驶入出口之前为何不关闭定速巡航系统？我解释说他忘了。工程师们的另一个反应就是：

他的驾驶技术不好。这种"责备－培训"（blame－and－train）的哲学常常让使责备者、保险公司、立法单位或社会人士自我感觉良好：人若犯错，加以惩处。可是这样并不能解决根本问题。不良的设计、不良的流程、不良的设施和不良的操作习惯通常才是真正的元凶，人只不过是这一连串复杂流程的最后一步。

尽管汽车制造商认为驾驶员应该记住车子自动控制系统的模式，从技术上来讲没错，但这不能作为不良设计的借口。我们应该设计利用科技，使其契合使用者的实际行为方式，而不是要规定他们应该怎么做。更何况车子自动控制系统的设计并不能帮助驾驶员记忆。事实上，反而促使他们容易遗忘。定速巡航系统几乎没给驾驶员提供任何有关系统现况的线索：车子最好能够提醒驾驶员正在使用哪些系统。

当我向设计汽车的工程师提起这点时，他们立即做出下一个反应："是的，这是一个问题，不过，不必担心，我们会改正。你说得对，汽车的导航系统应该知道车子到了高速公路的出口匝道，然后应该自动断开巡航系统，或者至少切换到安全车速。"

这说明了一个基本的问题，机器并不聪明：智慧在设计者心中。设计者坐在自己的办公室内，试图想象汽车和驾驶员之间所有可能发生的事，然后思考解决问题的方法。可是，设计者怎么能决定对意外事件该如何反应？当我们遇到异常状况，可以应用有创意、有想象力的方法解决。由于我们所设计的机器的"智能"并非真正存在于机器中，而是存在于设计者的脑子里，当意外事件发生时，如果设计者不在场从旁进行帮助，机器通常就会出问题。

对于意外事件，我们有两点认识：首先，它们经常会发生；其次，它们发生的时刻，往往无法预期。

有一次，一家汽车公司的工程师给了我关于吉米故事的第三种反应。他不好意思地承认自己也碰到过被巡航系统误导的事情，但那是另外一种情况：变换车道。在繁忙的高速公路上，驾驶者若要变换车道，必须要等到自己想要进入的车道有足够的空档，然后快速插入并道。这意味着，并道时，距离前后的车距都很近。在这种情况下，自动巡航系统很可能由于判断与前车距离太近而刹车。

"这有什么问题吗？"我问。"哦，也许会惹恼对方，但对我自己应该安全。"

"不，"工程师说："这样很危险，因为后面的驾驶者不知道你会突然并道后又踩刹车。如果他们没有高度警惕，就会追尾。再说即使没有撞上你，后面的驾驶者对你开车的方式也会很不悦。"

"或许，"该工程师笑着说："也许车子应该装上特殊的刹车灯，每当驾驶者没有踩刹车而车子自动刹车时，此灯就会亮起来。这样可以告诉后面车子：'嘿，不要怪我，是汽车自动刹车的。'"

这个工程师虽然在开玩笑，但他这席话却道出了人与机器之间的紧张关系。人们会因为各种理由采取行动，有些是正当的，有些就未必，有时会设想周密，有时则不计后果。机器则比较一致，根据人们早已编好的电脑程式和逻辑规则，对实际状况加以衡量。但是机器有个根本的限制：它们对外界的觉察和人不一样，它们欠缺比较高层的目标，而且它们无法理解必须与其互动的人的目标和动机。换句话说，机器与人有着本质上的不同：它们在某些方面比较强，特别是速度、动力和一致性，另外一些方面，像社交技巧、创意和想象力则比较弱。机器还欠缺同理心，即它们的行动对周遭的人会引起什么样的影响。这些机器与人的差异，尤其是社交技巧和同理心，正是问题的症结。更重要的是，这些差异也是冲突，是最根本的问题，不是简单快速地修改一下电脑程序逻辑，或补充一个感应装置就可以解决的。

如此，机器的行动与人的意愿就起了冲突。在很多情况下，这完全没有问题，譬如，只要洗衣机能把衣服洗得干干净净，我不在意它洗衣服的方式与我的方法大相径庭。一旦把衣服放进洗衣机并开机，它就自动开始工作，那是一个封闭的环境。一旦启动，机器就开始接手工作，只要我不横加干涉，一切都顺利运作。

然而，在需要人和机器共同合作的状况下会怎样呢？抑或洗衣机开始工作后，我却改变了心意？如果让它知道我想重新设定洗衣程序？一旦自动洗衣流程已经开始运作，新的设定何时生效呢？还是要等到下一个加水时段？这个例子说明人和机器的反应迥异。有时，机器的反应看似完全武断强硬，然而，机器如果能够思考和说话，我猜想它会向你解释自己的做法，认为人类才是捉摸不定、反复无常的。对使用者而言，这种持续的钩心斗角会让人感到沮丧。对观察者来说，会深觉困扰，因为搞不清楚谁在控制，或者为何呈现某种特异的行为。人或机器，谁对谁错真得并不重要，重要的是人与机器的不一致，会导致激愤、挫折，有时甚至造成损害或受伤。

人与机器之间行为的冲突是一个根本问题，因为不管机器的能力如何，它们都不能对周遭环境、对人的目标和动机以及对经常发生的异常状况有足够的了解。在一个完全可控的环境里，没有令人讨厌的人在旁边干扰，没有突发事件，且一切都能正确预测时，机器会运转良好。这就是自动化发挥长处的舞台。

但是，尽管其所处的环境完全受控而机器运转良好时，它们的表现也并非完全符合我们的期望。以"智能"微波炉为例，它知道该用多大火力、多长时间烹调食物。当它工作时，一切都很顺利：你只要把新鲜的鲑鱼放进去并设定它你要烹鱼。时间一到，烹调得正好，不管是水煮鱼还是清蒸鱼，它都用自己的程式做到最好。使用手册上面写道："感应器能测出烹调期间增加的温湿度，而且微波炉会根据不同种类和数量的食材自动调整烹饪时间。"但是，请注意这说明并未提到微波炉和人类的烹饪方式是否一样。人会试试食物的硬度，看看颜色，或者再测量一下食物内部的温度。这些微波炉都做不到，所以它只能做自己能做到的——测量温湿度，它利用温湿度来推论烹饪的程度。对于鱼类和蔬菜，这个方法好像没问题，但对其他食品则并不尽然。进一步说，感应系统的技术并非完美无缺。如果时间到了，食物却仍未做熟，对于二次使用感应器，使用手册警告说："对同一道菜，不要连续用两次感应系统，否则可能烹煮过度，或者烧焦食物。"智能微波炉也有其限度。

这类装备能不能帮助居家用户？可以说有，也可以说没有。如果机器被认为是有"主见"的，它们一定会非常傲慢，不会告诉人家为什么它要这么做或它怎么做的，也不会说它们正在做什么，食物成熟到什么程度，洁净度如何，或者衣物烘干了没有。这些机器都靠传感器控制，当结果不如所料时，就不知道该怎么办。我知道很多人有足够理由不愿使用这类设备，感兴趣的人想知道"机器为什么这样做"？对这个问题，设备无法回答，使用手册也只字不提。

在世界各地的实验室中，科学家们正在研究如何将更多的智能设备引进我们的生活里。有些实验中的房子能感应到屋中居住者的所有动静，自动开关灯，调节室温，甚至还能挑选音乐。正在进行中的项目不胜枚举：冰箱可以防止让你吃进变质的食品，马桶泄露你排出的体液状况给医生。冰箱和马桶看似不配的搭档，但它们合作起来可以监控你的饮食习惯，一个试图控制吃进身体的食物，另外一个测量和评估排出体外的东西。我们有苛刻的体重计时刻监控我们的体重，根据需要使用健身器材。甚至茶壶用尖叫来提醒我们注意水开了。

当越来越多的聪明的设备进入日常生活，我们的生活会变得有好有坏。如果机器满足我们所愿，那还不错。但如果它们做不到，或导致本来很有效率、创意的使用者变成机器的仆人，随时在监控、修理和维护机器，那就不太理想。这当然是不应发生的事，可事实确定如此。现在还来得及改进吗？我们对此能做些什么？

## 智能设备的崛起

迈向自然、共生的关系

> 我的梦想是在不久的将来，人脑和电脑能密切协作，进行人脑想
> 象不到的思考。
>
> ——李克莱德（J. C. R. Licklider），"人与电脑共生理论"（*Man-*
> *Computer Symbiosis*），1960

20 世纪 50 年代，心理学家李克莱德想知道如何使人和机器能够和谐、
优雅地互动，即他所谓的"共生关系"，这种合作关系对人类生活有所裨
益。人与科技和谐、优雅互动的意思是：我们需要一个比较自然的互动，
能够下意识地、毫不费力地发生，这是一种自然的、轻而易举的双向沟通。
因而人与机器顺利融合，共通协作。

"自然互动"有很多种情况，我要谈谈其中的四种，用来说明不同种类之
间的关系：人与传统工具之间，马与骑手之间，汽车与驾驶者之间，以及一种
有关机械自动化的"推荐系统"——用来推介书籍阅读、聆听音乐和观影。

熟练的艺术家用自己的工具锤炼他们的材料，就像音乐家使用自己的
乐器。无论是画家、雕塑家、木工师或音乐家，他们的工具和乐器就如同
身体的一部分。所以，他们的工作并不像在使用自己的工具，而是直接投
入于自己感兴趣的事：在画布上的涂抹油彩、雕刻材料、打磨木头、演奏
音乐。这里洪亮悦耳，那里凹凸不平，他们与材料之间的互动很复杂但很
有乐趣。这种共生关系只能发生于技巧纯熟的人和精心设计的工具之间。
当发生共生时，这种互动是积极的、有乐趣的，而且非常有效率。

以熟练的骑手为例。骑手能够"读懂"自己的马儿，就如同他的马儿

了解他自己一样。每一方都在为下一步传递信息。马儿用它们的身体语言，如步伐、是否准备好前进以及其他一般行为（如机警、惊恐，还有急躁或冲动，活泼和顽皮等）来跟骑手沟通。而骑手也以自己的肢体语言，如坐姿、双膝、足跟等施加的力道，还有用手和缰绳传出的信息等来告诉马儿自己的意图。骑手还示意马儿自己处于放松和驾驭，或不适与紧张等状态。这是第二种积极互动的例子。这个例子特别有趣的地方在于，这是两个有感知的系统之间的互动。马儿和骑手，他们都有智慧，都能了解周遭环境的变化，并将自己的感受让对方知晓。

　　第三个例子与马和骑手的例子类似，除了互动对象不同，一方是有感知的系统，另一方是虽然没有感知能力但设计精巧的机器。在最佳状况下，驾驶者对汽车、路线和驾驶技巧的良好掌控，可以产生行云流水般的互动。

　　有一天下午，当我坐在儿子旁边，看着他在租来的赛车道上开着我精心挑选的德国跑车，我在思考这个例子。当我们临近一个急弯时，我发现他轻点刹车，让车的重心前移，然后打方向盘让车前轮转向，这时车尾因为重量减轻的关系，开始有些下坠感，并且朝外侧滑动，车子在转弯处做了一个从容不迫且在掌控下的漂移，即所谓的"转向过度"的状况。当车尾摆定后，儿子将方向盘转回前方并加大油门，车子的重心再度回到后轮，我们又能在直路上流畅地加速前进，同时享受着完全控制车子的快感。我、儿子和车都同时享受着这个美妙体验。

　　第四个例子，"推荐系统"与前三个例子有很大的差异。它比较慢、不甚优雅，但是更加智能。然而，它仍是人与复杂系统之间积极互动的一个很好的例子，主要因为它只做建议而不做控制，不会令人讨厌：我们对系统提出的建议，有接受与否的自由。这类系统各有不同的运作方式，不过大都是通过分析你过去的选择和活动，然后在它们的数据库里搜寻相似的相关条目，并且分析那些同你有类似兴趣的人的喜好，然后提出你可能喜欢的建议。只要它们呈现给你的建议方式并不侵犯到你，只要你是出于

图 1.1　马与骑手

自愿加以审视和参与，这种系统就不无裨益。如果能够读到一些书籍摘要，浏览书本目录、索引和其他读者的书评，就可以帮助我们做出是否购买的决定。

有些网站甚至解释了为何做此推荐，让人们根据自己的兴趣自行设定推荐条件。我曾在实验室看过一些推荐系统，它们能够注意到你的活动，所以当你在阅读或写作时，它们能提供与你正在浏览的材料内容相关的其他资料。这些系统功能表现如此良好有几个原因。首先，它们提供有价值的东西，这些资料通常切题并且有用。其次，它们并不冒昧打扰你的工作，静静地待在一旁，不分散你在主要事物上的注意力，当你需要时，它会随时接受召唤。当然，并非所有的推荐系统都如此有效，有些的确会冒昧窜入，甚至侵犯你的隐私。总之，设计良好的推荐系统能增加人和机器之间互动的愉悦性和价值。

### 告诫

当我骑马时，对马和我而言都不是件愉悦的事。马与骑手之间平稳、优雅的互动极需技巧，而我缺乏这些。因为我不知道自己在做什么，我和马都明白这一点。同样，当我看到驾驶者在开车时没有信心和技巧，作为乘客，我就会觉得不安全。"共生"是个很好的观念，这是一种合作、互利的关系。可是就如我在前三个例子中所提到的状况，建立共生关系需要付出相当大的努力，要从训练和技巧中得来。在其他情况下，譬如第四个例子，虽然使用者无须具有高度熟练的技巧和必要的培训，这些系统的设计者仍然需要注意合适的社交方式。

我曾把本章的草稿贴在我的网站上，之后有一群研究者来信告诉我他们正在探讨"马与骑手"的比喻在操控汽车和飞机上的应用。他们称这个比喻为"H—比喻"，H代表"马"（horse）。美国维吉尼亚州兰利市太空总署（NASA）的科学家正在同德国布蓝兹维（Braunschweig）太空运输中心的科学家合作，以便了解如何建立这样的系统。我曾到布蓝兹维去拜访，了解他们的工作（很有趣的工作，在第三章会再次提到）。看起来，骑手似乎将某些控制权交付给马儿：缰绳松弛时，马有更多的自主权；缰绳收紧时，骑手将有更多的控制权。技巧娴熟的骑手不断地改变缰绳的松紧来与自己的马儿沟通，调整因环境变化所需的不同的控制权。美国和德国的科学家正在设法把这种关系运用到人机互动上——不只是汽车，还有房子和家居设备。

李克莱德半世纪以前提出的"共生"概念，是两部分的融合，一半是人，另一半是机器，二者之间适当的结合，合作顺畅，成效卓著，合作的结果超过任何一方单独产生的效果。我们需要了解如何最有效地实现这种合作互动，使这种合作自然而然地发生，而无须训练及技巧才能发生。

### 易惊的马，敏感的机器

如果车子和驾驶员之间的互动像一匹马和高超的骑手之间那样顺畅，这意味着什么？假设一辆车太靠近前面的车子，或以设定为危险的车速行驶，此车会因此而显得犹豫不决或者惊恐万分？假如车子对适当的指令显出顺从、优雅的反应，但对不合理的指令显出迟疑或不情愿的反应？我们能否设计出这样的车子，其车身反应能给驾驶员传递安全状况的信息？

那么你的家呢？如果拥有一座敏感易惊的房子会怎么样？我可以想象吸尘器或烤箱调皮捣蛋，我希望它们做的事情不做，偏要去做它们自己想做的。那么房子呢？现今一些厂商不动声色地将你的房子变成自动化的怪兽，随时都为你的利益着想，甚至在你还不知道需要和想要什么时，就先提供了你需要和想要的一切。很多公司急着建设、配置和控制这些"智能住宅"——当你在屋里溜达时，它们会根据对你心情的感知来控制室内光线，选择播放音乐，或者转换电视频道。这些"聪明、智能"的设备让我们想起一个问题：我们如何与这些"聪明"的设备沟通？如果想学会骑马，我们需要练习，甚至上骑马课。那么，我们是否也需要练习如何使用我们的房子，还要上课学习如何与家居设备相处？

假如我们能够建立人与机器之间自然互动的方法，结果如何？我们可否从熟练的骑手与马儿的互动身上学得一些方法？或许，对人与马之间以及汽车与驾驶员之间的行为和状况，我们需要进行适当的行为方式对照。汽车如何表现出紧张的感觉？相对于马的姿势或不安，汽车有什么相似的表现？如果一匹马用后退和紧绷的颈部肌肉来表达它的情绪状况，那汽车如何表现？能不能让汽车突然后退，车尾下坠，车头抬高，甚至车头左右摇摆呢？

有些实验室已经开始探索类似马儿从骑手身上得到的自然信号。汽车厂商的科学家已经在做情绪和注意力方面的实验研究，而且至少有一部已上市的汽车在方向盘轴上装有电视摄像机来观察驾驶者有没有专心。如果车子发觉即将撞车而驾驶者还在东张西望，汽车就会自动刹车。

同样，科学家们也致力于开发类似的智能住宅来监控屋内的居民，判断人的情绪状态，调节屋内温度、光线和背景音乐。我曾参观过几个这方面的实验，也观察了结果。在欧洲一家大学的实验室中，受试者先被安排玩很费心力的电脑游戏，然后到一间有特殊装备的实验室轻松休息。实验室备有舒适的椅子、温馨美观的家具，令人心情愉悦，还有特别配置的可以让人放松的灯光。我试用过后，发现那环境真的令人轻松愉快。这项研究工作的目的是要了解如何开发出配合居住者情绪状态的屋内环境。一个房间能否感受到居住者的压力然后自动加以疏解放松？或者房间觉察到居住者想要加油打气，从而使用明亮的光线、活泼的音乐和温暖的色彩来呈现出动感激情的模式？

### 机器易懂，动作难行；逻辑易解，情绪难测

在查尔斯·斯特罗斯（Charles Stross）的科幻小说《终端渐速》（*Accelerando*）里，男主角曼弗雷德·麦克思（Manfred Macx）对他新买的行李箱说："跟我来。"果然，他的行李箱就来了，"他的新行李箱转动滚轮跟在他的脚后跟后面"随着他转身走开。

我们之中有很多人是看着科幻小说、电影、电视里的机器人和脑部发达的生物长大的，那些机器都能力超强，有些比较笨拙［如《星球大战》（*Star Wars*）的 C–3PO］，有些无所不知（如《2001 太空漫游》的HAL），有些就像人一样［如电影《刀锋战士》（*Blade Runner*）里面的男主角瑞克·迪卡（Rick Deckard），不知道他是人类还是人类的复制品］。然而，现实与幻想还是差了一大截：21 世纪的机器人还不能与人类做任何有意义的沟通；实际上，它们几乎不能像人一样行走，操控现实世界中的真实物品的能力也极为有限。因此，大部分的智能设备——尤其是家居设备，需要低成本、高可靠性和易用性——只能集中于普通单调的工作，像煮咖啡、洗衣、洗碗、开关灯、调节冷暖气、吸尘、擦地和除草等。

如果要做的事很具体而且环境可控，那么智能设备确实能完成合理的、多种多样的工作。它们可以感测温度和湿度，分析水、衣物或食物的数量，依此判断衣服是否烘干，食品是否煮熟。最新型的洗衣机甚至能判断要洗衣服的质料，洗衣量有多大，衣服有多脏，然后根据这些信息自动设置洗衣方式。

只要地面平滑且没有障碍，自动吸尘器和拖布都能作用得相当好。然而，斯特罗斯的小说《终端渐速》里面跟着主人跑的行李箱，仍然在我们制造机器的能力范围之外。话虽如此，这应该是机器可以做到的，因为它

并不需要与人做真正的沟通——没有沟通，就没有安全顾虑，只要跟着走。万一有人想偷这个自己会走的行李箱怎么办？发现这种企图，就可以让它大声呼叫！斯特罗斯告诉我们，行李箱已经熟知主人的"密码和显性的指纹"，因此，小偷也许能把它偷走，但却不能打开它。

可是，行李箱真的能在拥挤的街道夺路而出吗？人类拥有双脚，能很好地跨过或避开阻碍物，能上下楼梯和迈过台阶。有轮子的行李箱像是一个残障的物件，碰到十字路口时，需要寻找残障专用道；在建筑物内运行时，则需要坡道或电梯。使用轮椅的人都经常碰到不便，更不用说有轮子的行李箱，一定会遇到更大的挫折。而且除了路肩、台阶之外，在繁杂的都市交通里行进很可能让其视觉系统失效。作为无腿脚的设备，它要追踪主人，避免障碍物，找寻通路，同时又得避免与汽车、自行车和路人相撞，其能力一定会大打折扣。

有趣的是，对人和机器而言，什么事容易做、什么事不容易做大为不同。过去认为，思考是唯有人类才能够达到的顶峰，而现在机器在这方面已经有了很大的进步，尤其当那些需要逻辑和注意细节的思考时。对人类来说，站立、走动、跳跃和回避障碍物等行为动作相当容易，但对机器而言就相当困难。在人和动物的行为里，情绪扮演着重要角色，帮助我们判断好坏、安全或危险，同时也是人们之间强有力的通讯方式，表达感觉、想法、反应和意愿等。机器的情绪表达仍然很简单。

尽管有这些限制，很多科学家仍努力于创造能与人有效沟通的机器的伟大梦想。科学研究者的本性就是乐观主义者，相信自己在做世界上最重要的事，而且，很快就会有重要突破。结果产生了一大堆新闻报道，如下面这些。

研究者声称机器人不久即将为人类做很多事，从照顾小孩到为老年人开车……

周六，国内顶尖的机器人专家在此举行美国科学促进协会（American

Association for the Advancement of Science）年会，发表他们的最新研究，畅谈未来机器人的盛行……

你的未来可能包括：一只会拥抱的泰迪熊，还能教你的孩子们法文或西班牙文；当你打瞌睡、吃东西或准备讲演稿时，能自动驾驶汽车载你去上班；一只像吉娃娃大小的玩具恐龙会知道你是否喜爱拥抱它、同它玩耍或将其丢在一边；电脑能移动其屏幕来帮助调整你的坐姿，或配合你的工作与心情；派对机器人会在门口招呼你的来宾，万一你忘了客人的名字，还能为你提醒，并且用音乐、笑话和小吃来招待他们。

很多学术会议讨论"智慧型环境"（smart environments）的发展成果。以下是我收到的众多邀请函之一：

"感性的智慧型环境座谈会"，英国纽卡索（Newcastle Upon Tyne）

环境智慧是一个新兴、热门的研究领域，其目的在于创设"智能"的环境，对现场的人或行为保持专注，做出适当和主动的反应，以便服务此环境中的人，满足他们的要求或潜在需求。

环境智慧正逐步影响到我们的日常生活：电脑已经被集成于很多日常用品，像电视机、厨房电器、中央空调系统等，而且不久的将来，它们都会互相联网……生物感应方法会让这些设备觉察到使用者就在附近，了解他们的状况，知道他们的需求和目的，改善他们的日常生活条件，提供真正的福祉。

你能信赖知道什么是对你最好的房子吗？你愿意厨房告诉体重计，或者通知马桶做个自动的尿检分析，然后把结果发送给自己的医疗顾问吗？不管如何，厨房真正知道你吃了些什么吗？如何知道你从冰箱拿出来的奶油、鸡蛋和乳脂是你自己要吃的，而不是给其他家人或是客人准备的，或者是只是带到学校做方案？

虽然直到最近才能做到追踪一个人的饮食习惯，现今我们几乎能在任何东西上粘贴上微小的、不易看到的标签：服装、产品、食品，甚至人和宠物，因而任何人或物都能加以追踪。这种标签被称为"无线射频识别标签"（Radio Frequency Identification Tag，RFID），当有讯号发给 RFID 标签，查询行业、识别号码和任何有关这个人或物可以分享的资讯时，RFID 就能够巧妙地从此讯号中获得电能，从而不需要电池。当屋内所有食物都贴上这种标签后，房子就知晓你食用了什么食品。RFID 标签，加上视频摄影机、麦克风和其他的感应器在一起工作，就会发出："多吃花椰菜""奶油用完了""要进行锻炼"等信号，真是唠叨的厨房？这还只是开始。

麻省理工学院媒体研究室（MIT Media Lab）的一组研究者提出了一个问题："假如家用电器了解你的需求会如何？"他们建了一间处处都有感应器的厨房，用电视摄影机和地板上的压力计来判断人的位置。关于这个系统的聪明，他们讲"当一个人用了冰箱，然后站在微波炉之前，他/她就很可能在解冻食品。"他们称这个系统为"厨房通"（KitchenSense），并说明如下：

"厨房通"是一个充满感应器、连通网络的厨房研究平台。它用"通识"（CommonSense）的推论方法来简化控制界面和增强互动。此系统的感应网络试着去诠释人的意向，然后以失效弱化（即使功能失效，也不会伤及安全）的方式，支持安全、有效和优雅地运作。根据从感应器得来的数据，加上日常事物的知识，一个中央控制的"开放式系统"（OpenMind system）就能开发出将不同电器互相链接分享的体系。

如果有人使用冰箱，然后走向微波炉，那么"他很可能要解冻食品。"在科学用语上，"很可能"其实是"猜测"的意思。当然，这是一个符合逻辑的猜测，但仍然只是一个猜测。这个例子说明了一点：这个"系统"，带有电脑的厨房，它什么都不知道。它只是在猜测——根据设计者的观察和感受而做出统计学上的估计。这些电脑系统仍然不知道使用者心里在想些什么。

　　平心而论，统计上的规律自有其价值。在上面这个例子中，厨房没有采取任何行动。进一步来说，厨房准备好要行动，在工作台上显示出预测的一些可能的活动。如果碰巧系统提供的选择正是你想要做的，你只要按下按键，同意就好。如果系统没有预测到你心里想的，那么不理它就好了——如果你不在乎那个在工作台、墙壁、地板上随时显示建议的房子。

　　此系统使用"通识"〔CommonSense，如果与英文的"常识"（Common Sense）混淆，那是故意的〕，就像"通识"不是个真正的词语，厨房实际上也不具备常识。设计者输入多少有关常识的电脑程序，它就具有多少常识。那种常识不会太多，因而这种系统其实真的不知道发生了什么状况。

　　但是，你想做某事，而你的房子认为那样不好，甚至错误呢？"不行，"房子会说，"那样做饭不对。如果你硬要这样做，我可不负责任。看这里，食谱怎么写，看见了吗？不要让我说'我早就跟你说过。'"这情节有点像史蒂芬·斯皮尔伯格（Steven Spielberg）导演的电影《关键报告》（*Minority Report*）的味道。这部电影根据伟大的预言家飞利浦·K·迪克（Philip K. Dick）的同名短篇小说拍摄而成。片中主角约翰·安德顿（John Anderton）为了逃离警方追捕，穿越人潮拥挤的商场。广告牌认出了他，叫他的名字，以他专属的特价折扣引诱他购买衣物。一则汽车广告喊到，"安德顿先生，这不仅是一部车，这是一种享受，慰藉你疲惫的心灵。"一个旅游广告引诱他说："安德顿先生，想放松吗？想度假吗？到阿鲁巴岛（Aruba）来吧！"嘿，广告牌，他正在从警察手里逃亡，怎么可能停下来逛逛商场，买些衣服。

　　《关键报告》是虚构的，可是电影里面描述的科技是经由睿智又有想象力的专家设计出来的，他们非常小心地仅仅展示那些看起来可行的科技和动作。影片中那些活跃的广告牌已经很快就要变成现实了，有些大都会的广告牌能够经由宝马的 Mini Cooper 车主携带的 RFID 标签认出车主，

Mini Cooper 的广告牌热情洋溢，会显示出每个车主事先自行选用的字句。然而这种做法一旦开始，何处是终点？如今，广告牌需要用户携带 RFID 标签，但这只是权宜之计。研究者已经在努力工作，使用摄像机检视人群和汽车，根据人们走路的步态、脸部特征或车子的年代、车型、颜色和车牌来辨认。伦敦市就是用这种方法追踪进入市区的车辆。安全部门希望用这种方法追踪可疑的恐怖分子。同时，广告公司也用这种方法锁定潜在客户。商场的广告牌会不会给经常光顾的客人特价折扣？饭店里给你的菜单列的都是你喜爱的菜品？这种技术首先出现于科幻小说，后来出现于电影，现在出现于大都会的街道上。在离你最近的商场寻找一下它们。其实不用你去找，它们会找到你。

### 与机器沟通：我们是不同族类

现在，我可以想象：此刻正是深夜，但我睡不着。轻轻地起床，以免吵醒我妻子。既然睡不着，不如做些事。然而，我的房子检测到我在活动，欢快地打招呼："早安！"同时打开灯光和收音机，开始播报新闻。这可把我妻子吵醒了。她喃喃而语："你为什么这么早把我吵醒？"

在这情景里，我应如何向我的房子解释在某种场合适当的行为，在另一场合并不恰当？我是否应该依据每日作息设定电脑程序？不行，有时妻子和我需要早起，以便赶早班飞机，或者我要与印度的同仁在清晨开电话会议。要使房子了解如何做适当的反应，需要让它了解场合背景和行动的理由。我是否特意起床？我太太是否想继续睡觉？我真的要打开收音机和咖啡机吗？为了让房子了解我醒过来的原因，它需要知道我的意向，这要求高水平的沟通，然而这种沟通现在或短期内并不能做到。现今，自动智能的装置仍旧需要人来控制。在最糟的状况下，这会导致人机冲突；在最好的状况下，人与机器可以形成一个共同体，相辅相成。在此，我们可以说人让机器更聪明。

科技专家们试图让我们了解，所有的科技在刚开始时都显得软弱无力，然后它们的弱点被逐渐克服，变得安全且值得信赖。就某种程度而言，他们是对的。早期的蒸汽机和汽船会爆炸，后来就几乎不会了。早期的飞机经常坠地，现今则很少发生。还记得吉姆的定速巡航系统在不恰当的道路上恢复到设定车速的故事吗？我相信未来设计可以避免这类问题，例如将定速巡航系统和导航系统结合使用，或者设计一种系统，由公路自己输出限速讯号给汽车（这样，汽车再也不会超速了）。或者更好的方法是：让汽车自己根据路况、弯道大小、湿滑程度以及旁边是否有车子和行人来决定应有的安全车速。

我是一个科技学者，我相信使用科技会让人们的生活更丰富多彩。可是依照目前发展的方向看来并非如此。目前，我们面临一堆智能化和自动化的新一代机器，机器确实在很多方面能够取代人类。有些情形下，它们使我们的日常生活更有效、更有趣、更安全。然而，它们也会妨碍我们，使我们感到挫折，甚至增加危险。第一次，我们拥有了想与我们进行社交性互动的机器。

我们面临的科技问题非常关键，使用老办法已经不能解决现在的问题了。我们需要冷静、可靠和人性化的处理方式。重要的是增强，而不是自动化。

## 第二章

人类和机器的心理学

目前可能发生以下三种情形。

"拉升！拉升！"当飞机认为飞行高度太低，有安全顾虑时，向飞行员大声呼叫。

"滴！滴！"汽车在发出信号，要引起驾驶员注意，同时收紧安全带，调整座椅靠背，并假装刹车。汽车使用摄像机监控驾驶员，当发觉驾驶员没有注意路况时，它就开始刹车。

"哔！哔！"凌晨三点，洗碗机发出提示信号，示意碗盘已经洗好。此时的信号除了把你叫醒之外别无用处。

未来则可能发生的三种情形。

"不要，"冰箱说："不能再吃鸡蛋了，除非你的血脂下降，体重下降。体重计告诉我你还要再减掉五磅。诊所一直提出警告说你的血脂过高。你知道，这些都是为了你好。"

"我刚刚检查过你的智能手机上的日志，"你的车子说，而这时你正下班后坐上车子，"你现在有空闲，所以我们不走高速公路，已经设定好去走你非常喜欢的那条景色怡人的盘山路——我知道你会陶醉的，并且，我选了你喜欢的音乐一路相随。"

"嗨，"某天清早当你准备出门的时候，你的房子说："为何急着出门？我已经倒了垃圾，你也不说声谢谢？我们能否谈谈那个新的控制器，挺不错的，我已经给你看过照片吧？它能让我的工作更有效率。而且，琼斯家都已经安装了。"

有些机器顽固，有些情绪化；有些细腻或者粗犷。我们通常会将人的特性投射到机器上，而这些属性虽然只是一种比喻，用到机器上却也相当合适。不过，无论是自动化或半自动化的新一代智能机器，它们自己做判断，自己做决定，无须人们对它们的行为授权。因此，这些特性已不再是比喻了——它们已经成为真实的特性描述。

本章的开头提到的三种情况已经成为现实。飞机的警告系统的确会呼喊"拉升!"(通常是女声)。至少有一家汽车制造商已声称使用摄像机监控驾驶者。如果朝前的汽车雷达系统感测到潜在的撞车风险,而驾驶者似乎没有在观察路面状况,警报就会响起——不是人声(至少现在还没有),而是使用嗡嗡声或振动。如果驾驶者仍未反应,该系统就会自动刹车,并为可能发生的撞车做好准备。我已经好几次在三更半夜被洗碗机叫醒,急于告诉我碗已经洗好了。

目前关于设计自动化系统已经有相当多的知识。人机交互的研究却没有那么深入,尽管这也是几十年来一个备受关注的题目。但是这方面的研究比较着重于工业和军事装备,在那些领域,人们工作的一部分就是使用机器。那么,对于没有受到特别训练的普通用户,那些仅仅偶尔使用某些特殊机器的用户呢?对这方面,我们了解得不多,但这正是我所关切的事:没有受过训练的普通用户,如同你和我,如何使用家用电器、娱乐系统和驾驶汽车?

普通用户如何学习使用新一代的智能设备?嗨!得一步一步来,经由尝试与错误,还得历经无休止的挫折。设计者似乎相信这些设备很有智慧,运作那么完美,所以使用者无须经过训练。只要告诉它们做什么,就放手让它们去做。是的,这些设备通常都会附上使用说明书,常常又大又厚重,但是这些说明书既不明确也不易懂,大都没解释清楚这些设备是如何运作的。相反,它们给出一些奇怪的、神秘的机械操作术语,经常出现无意义的行销字眼,把一些词串联在一起,像"智慧住宅感应器"(SmartHomeSensor),好像通过命名来解释一切。

学术界称这种方式为"自动魔术"(automagical),即自动化加上魔术。制造商希望我们相信并信赖魔术。即便设备运作良好时,如果我们不清楚它如何或为何运作,都可能会有某种程度的不适。当设备运作有问题时,我们不知道如何反应,这才是问题的真正开始。我们正处于两个世界之间的恐怖状态：一方面，我们距离那种充满着完美工作的自动化智能机器人的科幻电影世界还很远；另一方面，我们在快速远离那个用手工操作、没有自动化、靠人操作机器来完成工作的世界。

"我们正在让你的生活更加方便，"很多厂商对我这么说："所有这些美好的东西，更健康、更安全和更舒适。"是的，如果这些智能自动化设备都完美运转，我们会真的很快乐。如果它们确实完全可靠，那我们就无须了解其运作：自动变换就可以。如果使用自己了解的人工机器手工操作来完成任务，我们也很快乐。然而，当我们既不了解自动化的设备，又不能如期工作，机器也不能按照我们的期望来完成工作，被夹在这两个世界之间时，如此一来，我们的生活就不会更方便，当然也谈不上享受。

### 人机心理学简介

智能机器的历史，始于早期发展机械自动化，包括钟表和会下棋的机器人。早期最成功的机器棋手是沃尔夫冈·冯·坎佩伦（Wolfgang Von Kempelen），是个"土耳其人"（Turk），于1769年被推介给欧洲皇室，因而声名大噪。事实上，这是个骗局，实际是有一个专业棋手巧妙地藏在机械箱里操作的。不过这造假的机器能够轰动一时，表示人们愿意相信机械设备确实可以拥有智慧。直到20世纪中叶，随着控制理论（control theory）、伺服机构与回馈理论（servomechanisms and feedback）、控制论（cybernetics），还有资讯与自动机理论（information and automata theory）等学科的兴起，智能机器的发展才真正开始。与此同时，电子电路和计算机也迅速地以大约每两年翻一倍的速度发展。由于已经发展了40多年，现如今的集成电路已比当初强大百万倍，比如早期的"大型电子计算机"。照此发展，20年后会有什么结果？未来机器会比现今的机器强大千倍——或者再过40年，会再强大百万倍。

最初将人工智能（artificial intelligence，AI）发展为一门科学也大约在1950 年左右。人工智能研究者将智能设备的发展从冷硬的、数理逻辑和决策模式转换到柔性的、模糊的人为思考方式的世界。这种思考方式运用普通常识推理、模糊逻辑（fuzzy logic）、概率分析、定性推理和启发式的经验法则（rule of thumb），而不是精确的推演。因此，现在的人工智能系统可以检视和辨认物件，理解一些口语和书面语，会说话，能在环境中移动，还能做些复杂的推理。

今日，将人工智能运用到日常生活里最成功的例子也许是电脑游戏，其中发展出很聪明的角色与人对决，在虚拟的游戏中创造出这些机智又恼人的角色，似乎就是为了逗弄那些游戏玩家——他们的创造者。人工智能也成功地运用到追踪银行和信用卡诈骗，还有其他非法可疑的活动上。在汽车上，人工智能用在刹车、防抖、保持车道及自动停车等方面。在家居生活中，简单的人工智能则用于控制洗衣机和烘干机：感测衣料，判断肮脏程度，以便做适度调节。在微波炉上，人工智能可以用来感测食品是否烹熟。数码相机和摄像机使用简单的芯片帮助调整对焦和曝光，还可以进行脸部识别，甚至当人脸移动时能加以追踪，同时矫正焦距和曝光时间。假以时日，这些人工智能的功能和可靠性会逐步增加，但价钱会逐渐降低，因此会出现于更多的产品里，而不仅仅是贵重的产品。请记住，电脑的性能每 20 年增加数千倍，每 40 年增加数百万倍。

当然，机器的硬件和动物的身体有很大区别。机器大都由零件拼装而成，有许多直线、直角和弧线，还有马达、显示器、控制器和线路等。生物更多是柔性的：由组织、韧带和肌肉等组成。大脑可以进行大规模的并行运算，或许经由同时进行的电化学反应集中进入平稳状态。反之，机器的大脑——或更正确地说，机械的信息处理比生物大脑运作得更快，但很少进行并行运作。人类的大脑强而有力、可靠且具有创造性，尤其擅于形态辨识（pattern recognition）。我们人类比较具有创造性和想象力，尤其

图2.1　汽车＋驾驶：一种新的杂交有机体
原标题：Rrrun，雕刻家：Marta Thoma。
[作者摄于帕洛阿托鲍登公园（Bowden Park）]

能适应改变中的环境。我们能从异中求同，且用类比扩展的方式将概念发展至新的知识领域。再者，人的记忆虽然不是很精确，但是能从事物中发现关系和类似性，机器则不能看出类似之处。最后，人类日常运用常识快速而强大，而机器并没有普通常识。

科技的演化和生物的自然演化很不一样。机械系统的演化，完全依据设计者分析现有的系统，然后进行改进。机器的演化历经数百年，部分基于我们对世界的认知以及发明创造和科技研发的能力一直在进步，部分由于人工智能科学的发展，还有部分源于人类需求和环境本身发生了变化。

然而，人类的演化和智能自动化的机器的发展有一个有趣的相似之处：两者都需要在真实的世界里有效、可靠和安全地运作。因而，世界本身对所有的创造物：动物、人和人工产品都有同样的要求和需要。动物和人类演化出复杂的知觉、行为、情绪和认知系统。机器也需要模拟系统去感知世界并做出反应。它们需要思考并决策，以解决问题和推理。同时，它们也需具有类似人类情绪的处理过程。不，不是与人类相同的，而是机器特有的类似情绪——以便生存于多灾多难的危险世界，捉住机会，预期行动后果，反思已发生的事和还是未发生的事，从中学习和进步。这些对所有自主有智慧的系统，动物、人类和机器而言都是一样的。

## 新个体的产生——人机混合体

多年来，研究者已经提出了一个关于大脑三个层次的描述，尽管这种描述方法从大脑的演化、生物学和实际运作各方面来说，都是过度简化了，但仍被用于许多地方。这三个层次的描述都建立在保罗·马克廉（Paul McLean）早期的先驱理论——"三位一体的脑"（triune brain）——从低层的脑干（brainstem）到较高层的大脑皮质（cortex）和额叶皮质（frontal cortex），同时描绘出大脑的演化史和信息处理能力与精细程度。我在自己的书《情感化设计》（*Emotional Design*）里，进一步简化了他的分析，给设计师和工程师使用。下面是大脑信息处理的三个层次。

　　本能的（visceral）：这是最基本的。这个层次的处理是自动的、下意识的，由我们的生物遗传来做决定。

　　行为的（behavioral）：这是我们习得能力的大本营，可仍然是相当下意识的。这一层引发和控制我们大部分的行为。重要贡献之一是预期我们行为的后果。

　　意识的（reflective）：这是大脑有意识的、有自觉的部分。是自我和自我形象的发源地。在这里，我们分析过去和未来可能的希望或恐惧。

　　如果我们要把这些情绪状态建构在机器之内，那么它们对机器会提供同样的帮助，就像对人的帮助一样，能够迅速避免危险和意外事件，对机器和附近的人同时提供安全保护，还有很强的学习意愿去改进和增强自己的表现。这些能力有一部分已经实现了，如电梯门感测到有障碍物时，会立即打开（通常是有急着要出入的乘客）。自动吸尘器会避免陡降坡：因为掉落的恐惧已储存在电路内。这些都是本能的反应：设计者将人体已经具有的自动恐惧反应，储存于机器之内。情绪的意识层次对我们自身的经验加以检讨，然后给予肯定的或负面的评价。目前，机器还没有这种处理能力，但相信有一天它们也能做到，那就会大大增强它们学习和预测的能力。

　　日常用品的未来端还具有知识与智能的产品，它们知道自己在哪里、主人是谁，且能与其他的用品和环境进行沟通。未来产品的关键就在其移动的能力，物理上控制环境的能力以及能感知到它们旁边的人和其他机器并且与之沟通的能力。

　　目前，未来科技中最精彩的是那些与我们建立共生关系的：机器和人。

机器和人的共生关系之一，汽车和驾驶者的共生是否就像马和骑手的共生一样？毕竟，汽车与驾驶者还是分担不同的处理层次，汽车负责本能的层次，而驾驶者负责意识的层次，两者都共同参与行为的层次，在此层面就类似于马与骑手的方式。

就像马有足够的智力来负责本能的层次（例如，避开危险地带、依据地面状况调整速度、避免障碍物），现代的汽车也能感测到危险，控制车子的稳定性、刹车和速度。同样的，马匹学习了复杂的行为规范后，就能在危险的地带奔跑、跳跃障碍，有必要时放慢速度且与其他的马或人保持适当的距离。同理，现代的汽车也能改变速度，保持在自己的车道内，当感测到危险时及时刹车以及控制与驾驶经验有关的其他方面。

大致而言，骑手或驾驶者掌管意识层次，然而并非都是如此。例如，马决定要慢下来，想回家，或者不喜欢与骑手的互动方式，要把骑手摔下马或干脆不理会他/她的指令。不难想象，有朝一日当汽车决定路线而执意转向，或者当它认为汽车需要加油、驾驶者需要进食或休息时而决定离开公路。或许，它也会被公路或沿途商业设施发送出来的广告信息吸引而偏离路线。

汽车与驾驶者是一个有意识、有情绪的智能的系统。20世纪初期汽车刚问世时，驾驶者提供全面的控制：本能的、行为的和意识的。随着科技的进步，汽车负责的本能层次部分也逐渐增加，它会自己操作发动机的内部引擎、油量调节和换挡等任务。随着防滑刹车、防抖控制、巡航控制的发展，和现今车道维持功能的加入，汽车承担了越来越多行为层次的功能。于是，很多现代的汽车负责本能层次的控制，驾驶者则负责意识层次部分，两者共同承担行为层次的任务。

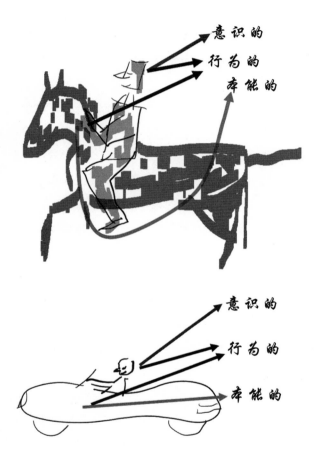

图2.2　马＋骑手和汽车＋驾驶者的共生系统

马＋骑手可认为是一个共生系统：马提供本能层次的主导，骑手提供意识层次的主导，两者共同负担行为层次的控制。

汽车＋驾驶者也是一种共生系统：汽车负责本能层次，驾驶者负责意识层次，且两者合作于行为层次。值得一提的是，马或智能汽车也在尝试对意识层次进行控制。

　　21 世纪的汽车越来越具有意识层次的能力：汽车与驾驶者同时进行的意识、思考功能的部分逐渐被汽车本身接手。汽车的意识功能明显地体现在自动巡航控制系统上，它可以持续判断汽车与其他车辆的距离，在导航系统上，它随时密切注意驾驶者是否遵循指示，也体现在其他能够监控驾驶者行为的所有系统上。当汽车的意识功能分析所发现的问题时，它们就提醒驾驶者改变操作，或者在可能状况下直接纠正。不过，汽车仅在必要时才会取得完全的控制权。

　　有朝一日，汽车不再需要驾驶者。从而，车上的人都会是乘客，可以在车内聊天、阅读，甚至睡觉，让车子带他们到达目的地。如果你喜欢开车，没问题，一定会有特别的场地让人们享受开车，就像现今喜爱骑马的人有专门的场地让他们驰骋。我相信这一天将于 21 世纪内来临，届时，汽车与驾驶者的混合体将会消失。不过，就像过去一样，我们仍然有汽车，有乘客。不同的是，车子将拥有本能的、行为的和意识的所有三个层次的功能。从运输的目的来说，这是一个真正智能的、自动化的机器，不仅具备导航和驾驶的功能，而且会兼顾乘客的舒适和健康，提供合适的光线、温度、食物、饮料和娱乐。

　　乘客能否与车子进行有意义的对话呢？过去，人们倾向将信仰、情绪和人格特质套用在其他东西上，这被认为是一种拟人论（anthropomorphism）。当机器在认知和情绪方面增进时，拟人论也许就不会那么牵强。这些被赋予的特质或许非常恰当而准确。

### 目标、行动和感觉的鸿沟

　　至少到目前为止，人类还具有许多不能在机器上复制的独特能力。当我们把自动化和智能引进目前使用的机器时，我们需要谦虚地认识到可能面临的问题与失败。同时，也需要充分了解人与机器的工作机制存在极大的差别。

今日，有很多"智慧型"日常用品，如智能洗衣机、洗碗机，自动真空吸尘器，汽车、电脑、电话和电脑游戏等。这些系统真的智能吗？不，它们不过反应灵敏而已。所有的智慧都存在于设计团队的大脑中，他们仔细地预设所有可能的状况，然后把电脑程序输入系统中，以便根据不同状况做出适当的反应。换句话说，设计团队在使用测心术，试图评估所有未来可能发生的状况以及人会对此如何做出反应。总而言之，这些反应系统有其价值和帮助，可是经常出现问题。

为什么会出现问题？因为这些反应系统很少能够直接衡量真正需要注意的东西，它们只能测量感应器能够探测到的东西。然而，人体具有非常丰富的感知运动系统，能够持续不断地判断外在世界和我们自己的身体。我们具有上千万个专职化的神经细胞可以感知光线和声音、触觉和味觉、感觉和平衡、温度和压力，还有痛觉以及内部感应器可以感知肌肉和身体的位置。除此而外，我们已经建立了关于外部世界的复杂表象以及相应的反应行为，同时根据长期的互动可以准确无误地进行预测。就这方面而言，机器还差得很远。

机器的感应器不仅有限，而且它们测量的跟人的感官接收到的也很不一样。心理的知觉与物理的感测不一样。机器可以侦测到人类感觉不到的微弱频率以及红外线和无线电波，还能够检测到超出人类感知范围的声波。这种能力上的差异也发生在其他许多方面，包括行为动作系统。我们人类具有灵活的肌肉和四肢、灵巧的手指和脚趾。机器就没有那么灵巧，但会有更强大的功率。

最后，人的目标和机器的目标也大不一样。其实，很多人甚至不认为机器有目标。然而，当机器越来越聪明，越来越智能，它们会评估状况，根据期待完成的一些明确的目标，决定实施步骤。至于情绪呢？没错，情绪对我们的行为和对外界的解释很重要。机器则没有情绪，虽然有些机器已经开始具有初级的情绪，但与人类的情绪还有相当大的差别。

## 共同领域：人机沟通的基本限制

> 艾伦和芭芭拉开始有很多共同的知识、信仰和臆想，他们认为彼此可以分享。这就是所谓的他们的共同领域……他们认为曾经一起参与的交谈就是建立在这个共同的领域之上。直到现在，艾伦和芭芭拉在一起的时间越长，这个共同领域也越广……他们之间行动的配合，需要根植在他们的共同领域上。
>
> ——克拉克，《语言使用》（Herbert Clark, *Using Language*）

沟通和谈判需要语言学家所谓的"共同领域"（common ground），即作为人与人之间互动平台的一种理解的共同基础。心理学家克拉克在上面的引述里，虚构人物艾伦和芭芭拉之间的任何活动——语言或其他，都要牵涉到他们的共同领域。从同样的文化和社会背景来的人，他们已有的共同看法和经验使他们能快速而有效地互动。你曾经偷听过别人的交谈吗？我在购物中心和公园走路时经常这样做（当然啦，是借由科学之名）。我不断地发现甚至在两个人热烈交谈之时，谈话内容也是那么贫乏。下面是一个很典型的交谈例子。

> 艾伦："你知道吗？"
>
> 芭芭拉："当然。"

对艾伦和芭芭拉而言，这也许是深入而重要的交谈。然而，由于我们了解他们交谈所需的重要资讯的缺失，我们不可能知道他们指的是什么，也就是说，我们不知道他们的共同领域。

缺乏共同领域就是我们无法与机器沟通的主要原因。人类和机器鲜有共同之处，因此谈不上共同领域。人与人之间、机器与机器之间呢？那就不一样了。人与人之间可以共享，机器与机器之间也可以联通。但人与机器之间呢？没有。

机器与机器之间有共同领域的说法也许让你惊讶，这是由于机器的设计者，通常是工程师，会花很多时间去确定机器之间可以共享所有的背景信息，以便做出有效的沟通。两部机器要开始沟通时，首先经过一系列的步骤确定它们之间有共同的资讯、状态，甚至它们交流的语法。用资讯工程师的话说，这步骤称为"握手"（handshaking）。这方面的工作非常重要，工程界开发了一大套国际通用的标准，以保证互相沟通的机器之间可以共享同样的逻辑与背景信息。建立标准很困难，互相竞争的公司需要经过很复杂的谈判去解决技术上、法律上和政治上所有相关的议题。不过，最后的结果是值得的：他们建立了共同的语言、程序和背景信息，以便建立机器间的共同领域，而进行有效的沟通。

想知道两部机器之间如何建立共同领域吗？对我们人类而言，尽管通常看不到、听不到机器之间的"握手"，但这程序几乎出现于所有电子设备之间需要互相沟通的时候。无论是你的电视机与机顶盒连接，还是机顶盒与电讯传输设备连接，还有你的电脑连上网络，抑或你的手机在开机时搜寻信号。当然，最明显的例子就是从传真机发出的奇怪声音。当你拨了一个传真号码后（顺便一提：打电话时的拨号音和电话铃声也都是握手的方式），就会听到一系列的颤声，那就是你的传真机正在和对方的传真机商议电码标准、传递速度和列印解析度。双方同意后，你的机器开始传送信号，对方同时继续提供正确收讯的消息。就像两个互相不认识的人第一次见面时，会比较拘谨和刻板，他们会先交换一下共同认识的人，包括可以分享的技艺和兴趣。

人与人之间可以享有共同领域，机器之间可以寻求一个共同领域。可是机器和人生活于两个不同的世界，一个是依逻辑界定的规则主导的互动；

另一个是错综复杂，依背景状况而灵活反应。因此，表面上看来相同的前提会因"状况不同"而引导出不同的行动。而且，存在于目标、行动和感觉上的基本差别意味着机器和人甚至不能在一些基本的问题上达成一致，比如，世界上正在发生什么事？我们要采取什么行动？我们要达成什么目标？缺乏共同领域是个超级鸿沟，将人和机器彼此分离。

人们善于从以往的经历中学习，用前车之鉴来调整他们的行为。这也表示人与人之间的共同领域会随时间而增长。而且，人们对曾经共同参与的活动也比较敏感，因而即使在相似的状况下，艾伦与芭芭拉之间的互动也许和艾伦与查尔斯之间的互动大不一样。艾伦、查尔斯和芭芭拉之间有交换新资讯的能力，他们能从经验中学习，然后相应地改变行为。

相比之下，机器几乎不能学习。是的，成功或失败的经验能让机器改变做法，但除了实验室里的几个系统之外，它们归纳的能力很差，几乎没有。当然，机器的能力一直在进步。全球很多研究实验室都从事这方面的努力。然而，人和人之间的相同程度与机器和人之间的相同程度，有很大的鸿沟，这差距不可能在短期内填满。

回头看看本章开始时描述的三个未来假想状况，那些情形可能发生吗？机器怎么能知道一个人的心事？怎么能知道超出它们感应器侦察范围的其他活动？怎么能用颐指气使的建议来与人充分地表达自己的意见？答案是，它们不能。

我的冰箱不允许我吃鸡蛋？也许我不是自己要吃的，而是为了别人准备。是的，冰箱可以觉察出我在取蛋，可以经由一个包含我家和家庭医生办公室的医疗系统得知我的医疗记录，比如体重和胆固醇数值，可是这些资料仍不能让机器拥有读心术，看穿我在想什么、要做什么。

我的车子能否查询我的日程表，为我选择一条有趣的开车路线？是的，这状况里所描述的都有可能发生，或许，唯一的例外是自然语言的沟通。不过，系统发展得越来越好了，所以语言也会不成问题。我同意车子给我的提议吗？如果车子就像上述状况一样，那没关系，它提出一个有趣的、我也许没想到的建议，但允许我做主。那就是一个不错的、友善的互动，我很赞同这种方式。

我的房子可能嫉妒、羡慕邻居的房子吗？这不太可能，尽管与附近的房子比较设备和运作也是跟上时代的良策。在商业上，我们称这为"标杆"（benchmarking）和跟随"最佳实务范例"（best practices）。所以，再次说明，这种假想状况有可能发生，不过没必要使用那种趾高气扬的语气。

机器的学习能力和预测新的互动结果方面的能力很有限。它们的设计者只能根据他们仅有的经费和当时的科技水准进行设计。一旦超出范畴，设计者只好想象机器可能要面对的世界。设计者从机器感应器得到的有限资料，推论实际可能发生的状况以及机器该如何应对。只要系统要做的工作是在一定的范围内且没有突发状况，这些系统大多都能表现良好。一旦面临的状况超出设计时预设的简单条件，那么，简单的感应器、智能决策系统和问题解决程序就不能完成任务。人和机器之间的鸿沟是很大的。

人要成功地与机器互动，基本的困难在于没有共同领域。可是，系统如果能避免这危险，只做建议而不强制执行，并且让人了解和选择，而不是强加以让人无法理解的操作，那么，这种系统还是非常切合实际的。虽然，共同领域的缺失使很多自然谈话式的互动不可能发生，然而，如果将假定和共通处都弄清楚，也许通过人与机器都能阐释的内在行为和自然互动，就能实现人与机器的互动，我完全认同这一点。这就是第三章要讲述的主题。

自然的互动

图3.1　会发出哨声的壶

一个简单的技术，警示我们在听到哨声时，

会过去查看情况。（丹尼尔·郝斯特拍摄，

Acclaim Images 授权使用。）

哨子发出的信号，人类之间的沟通，可谓相去甚远。设计师也许认为自己设计的物品能互相沟通，但是，它们其实只是发出信息而已，那是单向的沟通。我们需要一种能够协调自身的行动，与自动化机器合作的方法，这样就能够让人和机器一起合作无间，愉快地完成任务。

### 自然的互动：从经验中获取的教训

几乎所有的现代设备都具有各种灯光和警示信号，以提醒我们即将发生的事，或者用警报形式唤醒我们注意关键的事件。单独来讲，这些信号各有其用处和帮助，可是，大多数人都拥有多个设备，每个设备又有多种信号系统。现代住宅或是汽车中，随随便便就可能有几十种甚至上百种的信号系统。在工业界和医疗领域，提醒和警示信号的数目在急剧增加。如果这种势头持续下去，在未来的家居中将可能听到一连串不间断的警讯。因而，虽然单一信号也许能够提供有用的资讯，但同时存在许多不和谐的信号会让人分心、不悦，甚至可能导致潜在的危险。在不常发生危险的家居之中，当很多信号同时传出时，其中一个警示声音可能会被淹没。

"我听到的是洗衣机发出的哔哔声吗？"我太太问。

"好像是洗碗机吧。"我说。然后急匆匆地从厨房跑到洗衣间，又跑回来，想知道那到底是什么声音。

"噢，那是微波炉的定时器。当我必须打那个电话时，我设定时间以便提醒自己，结果忘了。"

未来的设备，如果也按照现今使用信号的方法，一定会让人更加迷惘和不耐烦。不过，有更好的方法，一种更有效，同时不会太扰人的自然互动系统。我们很擅长处理自然界里的环境和生物释放出来的信号。我们的知觉系统可以很自然地综合视觉、听觉、味觉和感觉的功能，对周围环境进行完整、丰富的了解。我们的本体感受系统（proprioceptive system），可以从内耳的半规管到我们的肌肉、肌腱和关节接收信号，使我们感知身体的位置和方向。仅仅需要一点线索——例如瞟一眼或听到一点儿声音，我们就能很快确认出事件和物体。但我要提出更重要的一点，自然信号传递信息但不扰人，它提供自然、悦耳、持续的信息，好让我们了解周遭的状况。

举例来说，所谓自然的声音，不是指一些设备发出的哔哔声或嘟嘟声，也不是讲话的声音，而是自然环境发出的声音。每当物件移动，相遇后刮蹭、碰撞、挤压或阻挡，自然会产生不同的声音，而这些声音还会传递给我们这些事物的丰富的图像。自然的声音不仅告诉我们物体的空间位置，而且会透露它们的材质组成（叶片、树枝、金属、木料、玻璃），还有活动（跌落、滑动、破裂、关闭等）。即使静止不动的物体也能丰富我们的听觉经验，因为声音可以被周围物体的结构进行反射和重构，进而让我们感受到四周的空间环境和我们的位置。这种现象的形成是那么自动、自然，因此，我们通常没有意识到自己多么依赖声音带来的空间感，以及给我们带来这个世界上事物的信息。

我们能从这些天然世界里的自然互动中学到很多，可惜目前很多设计者都没有好好利用。尽管设计师最容易使用简单的音调，白色或有色闪光来作为设备的信号，它们仍然是最不自然、包含资讯最少，而且是最烦人的方法。对未来日常用品的设计比较好的方式是利用包含丰富信息的信号，并且不扰人，即自然的信号（natural signals）。使用富含资讯的自然光线和声音，可以让用户辨识声音来自上下前后，对可见物体分辨出材质和物理构成，判断预期事件何时会到来，是否急切。自然信号不仅很少会让人心烦，而且包含丰富的信息，在此背景下，还能够提醒我们下意识地觉察到周围发生的状况。自然信号比较容易辨识，所以我们就无须来回奔波去确定信号的来源。它们是自然的，同时提供持续不断的觉察。自然界的声音、色彩和互动也是最舒服的。举个例子，会发出声音的自鸣壶就是很好的例子。

### 水沸腾的声音：自然、有力、有用

壶中热水沸腾的声音就是一个自然的、信息丰富的好例子。当壶中温度渐高时，水蒸气冲出壶口，产生的声音会自然地变化，直到最后，声音尖锐急促，热水滚滚沸腾，这时茶壶也发出稳定、持续且悦耳的声音。这一连串的声音，让使用者大致知道水将要烧开的时间。现在，给水壶加上鸣笛就可以提示水已经沸腾，不需要通过人造的电子声音来发出信号。只要围起壶嘴留下小小的空间让蒸汽通过，就可以产生自然的哨音。刚开始时缓慢、微弱而且不稳定，随后声音逐渐持续地增大。使用者是否需要经过学习才能根据声音节奏判断水沸腾的时间呢？当然，不过这种学习不需花多少精力。听过几次开水沸腾的声音，就有了大致的概念。无须时髦、昂贵的电子器件，就可以产生简单、自然的声音。让这种设计成为其他系统的典范，尽量去寻求一些自然产生的信息作为状态提示，也许是振动，也许是声音，也许是光线的变化。

在汽车的设计中，可以将乘客车厢设计得几乎感觉不到振动和听不到噪音。这也许迎合了乘客的意愿，但是对驾驶者而言却不是件好事。汽车设计者反而故意把外界环境以"路况"的形式再反馈给驾驶者，让驾驶者经由声音和方向盘的振动感觉到外界环境的变化。如果你使用电钻，你就知道马达的声音和手持电钻的感觉对精确和高精度的钻孔有多重要。很多厨师喜欢使用煤气炉做菜，因为他们可以从火焰的形状很快地能判断出炉温，相比而言，新型的灶台使用比较抽象的刻度盘和指示器，就没有那么方便。

至此，我列举的所有自然信号的例子都是来自于已有的设备用具中，那么未来的产品会怎么样？当自动化的智能设备越来越多地出现又是什么情况？其实，更可能发生的是，这些完全自动化的设备提供了更加丰富的应用自然信号的机会。一部小型自动吸尘器在地板上行进时发出的声音告诉我们它正忙着工作，我们不用太关注它。而当吸尘器的软管被物体堵塞住时，吸尘器马达的声音就会增大。自动吸尘器以马达声音的高低让我们知道它工作的情况。自动化面临的困难在于机器发生故障，却需要人来接手工作，而且常常没有事先提醒。好吧，使用自然、持续性的信息回馈，未来的机器可以提出警示信号。

### 隐含的讯号和沟通

通常我进入一个研究实验室都会注意一下它的整洁或杂乱的程度。如果每样东西都井然有序，我就会猜想这个实验室应该没有多少事。我喜欢看到杂乱的实验室，这表示研究者充满活力、全心投入工作。杂乱无章是正在进行某些活动的自然的、隐含的信号。

我们的活动会留下痕迹：沙滩上留下的足迹，垃圾筒中丢弃的杂物，桌子上、柜子上甚至地上摊开的书本。在符号学（semiotics）的学术领域，这些现象被称为记号（signs）或是信号（signals），对侦探小说的读者来说，这称为线索（clues）。自从具有慧眼的福尔摩斯（Sherlock Holmes）这个角色进入侦探世界，那些线索提供了人们活动的证据。意大利认知科学家克里斯蒂亚诺·卡斯托佛朗奇（Cristiano Castlefranchi）将这些看来没有特殊目的的线索称为"内隐沟通"（implicit communication）。卡斯托佛朗奇将行为上的"内隐沟通"定义为别人可以诠释的自然的副作用。"它不需要特殊地学习、训练或传递，"卡斯托佛朗奇说，"只不过利用了日常行为的知觉形态和对它们的认知。"内隐的沟通是智能产品设计中很重要的部分，因为它在无须打断、不惹人讨厌，甚至不需要专心注意的同时可以传递信息。

　　脚印、凌乱的实验室、看板上的画线或字条、电梯的声音或家用电器的声音，所有这些都是自然的内隐信号，可以让我们推论正在发生什么事情，知道什么时候需要介入并采取行动，什么时候可以忽略不管，继续做自己的事。

　　过去的老式电话可以很好地说明这个问题。以前打国际长途电话时，线路里的喀哒声和嘶嘶声以及其他的杂音会让你知道正在接线中，并且根据不同的声音，你可以大致知道进展的状况。随着设备和科技的进步，线路变得安静多了，甚至听不到任何杂音，所有隐藏的线索都不见了。等在电话这头的人只能听到一片沉静，有时还以为没接通，就把电话挂上了。因而，有必要再把这些声音带回来，让打电话的人知道接线还在进行中。工程师称这为"安抚杂音"（comfort noise），还是一种屈就于客户需要的方式。这些声音不只是为了"舒服"，还是一种内隐沟通，传递电路正在工作的信息能够告知打电话的人：电话线路仍在接通中。是的，这种隐含的确认，确实让人觉得有保证，觉得舒服。

　　虽然声音提供重要的信息回馈，它也有负面效果，声音经常令人烦扰。当我们不想看到一些事物时，可以把眼皮垂下，将外界置之度外，可是我们没有"耳皮"可以掩耳。心理学家甚至设计出噪音表以衡量噪音和其他声音对人的干扰程度。一些不必要的声音会打扰我们的谈话，使人难以精力集中，搅乱平静的时刻。因此，用于办公室、工厂和家居的设备，投入大量精力设计得越安静越好。多年以前，汽车的噪音已经很低了，英国的劳斯莱斯汽车公司曾经夸口说他们的新车"在时速 96km 时，最大的噪音是来自车内的电子时钟"。

　　虽然安静是好的，但也可能产生危险。没有外界的噪音，驾驶者就听不到救护车的警报声、汽车喇叭的鸣笛声，或者风雨的声音。如果不管实际路况如何，车速有多快，驾驶者感觉到所有的路面都很平稳，那么他们怎么知道什么车速是安全的？声音和振动能够对重要的路况提供自然的指示和隐藏讯号。电动汽车的引擎静得连驾驶者都不清楚其是否在工作；穿过马路的行人下意识地依赖汽车的内隐声音判断附近有没有车子。因此，有时候会被安静的电动汽车吓一跳（或者任何安静的交通工具，譬如自行车）。有必要在车内加上信号，提醒驾驶者汽车引擎正在运作（有家厂商竟然使用非常不自然的"哔哔"声）。更重要的是，要加上一些车外环境的自然的声音。盲人协会（The Federation for the Blind）的成员已深受这些过于安静的车子的影响，他们建议在汽车的轮毂或轮轴上装上些东西，以便车子在行进时发出声音。设计好的话，产生的声音会根据车速的不同发生相关变化，提供一种自然声音的线索，这将会是个称心如意的功能。

　　声音一方面能够提供信号，另一方面也会扰人，因此在设计上，如何扬长避短是一个难题。有些情况下，我们可以少用不顺耳的声音，或是降低音量，减少频繁的瞬变，努力创造一个宜人的环境。在这种环境气氛之下，轻微的声音变化就可以进行有效的沟通。设计师理查德·塞波（Richard Sapper）把自鸣壶的哨子做成可以发出悦耳的 E 调和 B 调的音乐和弦。值得一提的是，令人烦扰的声音也有其价值：救护车、消防车、火警、烟雾报警器和其他灾难的紧急信号都故意设计得很刺耳，令人心烦，这样可以更好地引人注意。

　　由互动自然衍生出来的声音应当被用在设计中，可是不自然的、无意义的声音几乎都令人不快。即使精心设计的声音都会令人烦扰，所以可能的话，还是避免使用声音。声音不是唯一的选项，视觉和触觉可以提供其他可选的方法。

　　例如，机械式的旋钮具有触觉的暗示，这是一种内隐沟通，能够帮助设置。有些旋转式的音量控制钮，当你转过超出预定的中间位置，就能感到一声清脆的短音。有些淋浴控制器，除非使用者手动按下升温的控制钮，否则不能将水温调高至预设的温度之上。音量控制钮的清脆短音让使用者快速、有效地在音量范围内调整到中间位置。淋浴设备的开关按钮警告使用者较高的水温可能让人不适，甚至对人造成危险。一些商用飞机使用类似的油门止挡功能：如果把油门向前推，会停止在某一节点，如果继续，过大的油门可能会损坏飞机发动机。然而在紧急状况时，如果驾驶员认为必须越过止挡点，增大油门以避免飞机坠地，仍然可以将油门继续向前推。这时，首要的是安全，对发动机的伤害明显是次要的。

留下记号则提供了另外一种可能的设计方向。当我们看纸质的书或杂志时，会留下阅读进展的记号，无论是正常的磨损和裂口，还是故意折的书角、贴的便利贴，或者特意标明、做下划线以及写边注等。对于电子文档，所有这些方法都可以使用。毕竟，电脑知道使用者读过哪些内容，浏览过哪些页面，阅读过哪些章节。为何不让软件也留下使用过的痕迹，让读者看得到哪个章节被编辑过，做过注解，或显示被最常阅读的部分？维尔·黑尔（Will Hill）、吉姆·赫兰（Jim Hollan）、戴夫·罗布鲁斯基（Dave Wroblewski）和提姆·麦肯莱斯（Tim McCandless）的研究团队就进行了这样的设计。他们在电子文件上留下记号，帮助读者了解哪些章节最常被阅读。污渍和破损是与使用、检索和重要性相关的一种自然指标。电子文档也能借用这些优点，还不会对材料造成实际的污渍和破损。所以，内隐互动是开发智能系统的一个值得关注的方式。无须语言文字、无须勉强，双方用简单的线索就能指出可行的行动方案。

内隐沟通可以被用来作为告知，但不会打扰别人的有力工具。另一个重要的设计方向是挖掘"示能"（affordances）的作用，这是下一章节的主题。

### 使用"示能"进行沟通

学术讨论起始于一封电子邮件，里约热内卢（Rio de Janeiro）的信息学教授克莱丽萨·苏萨（Clarisse de Souza）不同意我对"示能"下的定义。她对我说："示能其实是设计者和使用者之间的沟通。""不，"我回信写道，"示能就是天地间已经存在的一种关系，它已经存在，与沟通没有关系。"

我错了。她不但对了，而且她让我到巴西待了愉快的一周，她说服了我，并把她的想法在很重要的一本书《符号学工程》（*Semiotic Engineering*）里进行了拓展。最后，我赞成她的说法。我在她的书的封底这样写道："一旦设计被认为是设计师、产品以及用户之间的'共享沟通'（shared communication），而科技只是媒介，那么，设计哲学整体就会发生积极的、建设性的重大改变。"

为了容易了解这个讨论，让我回溯并解释一下"示能"的原初概念以及这个概念后来如何进入了设计领域。先让我问一个简单的问题："在地球上我们如何发挥作用？"当我写《设计心理学1——日常的设计》（*The Design of Everyday Things*）的时候，我在思考这个问题："当接触到一样新事物，大部分情况下我们都能使用自如，不会注意到这是一个独特的体验。我们为何能这样？"在人的一生里，我们碰到成千上万不同的物品。然而，大部分情况下我们都知道如何去使用，无须学习，毫不迟疑。面临一种需求时，我们通常都能够设计相当新奇的解决方法，有时我们称之为"黑马"（hacks），就像把纸张折叠以后垫在桌脚下使桌子平稳，把报纸贴在窗上以便遮日。多年前，当我在思考这个问题时，我意识到答案应该与某种形式的内隐沟通有关。我们现在就称这种沟通形式为"示能"。

"示能"一词由伟大的知觉心理学家 J·J·吉普森（J. J. Gibson）发明，用以解释我们对天下事物的知觉。吉普森对"示能"所做的定义是：动物或人对世界上某个物体可能实施的某种活动。例如：对成人而言，一张椅子可以用来坐着、支撑、投掷和藏身，但是对一个婴儿、一只蚂蚁或一头大象来说，就没有这些用途。"示能"并不是物体一成不变的性能，它是物体与作用者之间拥有的一种关系。进一步来说，根据吉普森的定义，无论"示能"是否明显、是否可见，或是否被任何人发现，它们都普遍存在。你是否知道它无关紧要。

我借用了吉普森的名词，尝试把它用于设计上的实际问题。虽然吉普森认为"示能"不必可见，但对我来说，它们的可见性（visibility）非常重要。如果你不知道一件物品的"示能"存在的话，那么该"示能"就没有什么价值，至少在当下如此。换句话说，一个人能够发现和利用"示能"的能力是人们能够发挥其功能的重要方式之一，甚至能在特殊的场合碰见新奇的物品。

在当今的设计中，提供有效的、直觉的"示能"非常重要，不管是咖啡杯、烤面包机还是网页。而在设计未来产品时，这些"示能"尤为重要。当未来的机器是自动化的、自主的和智能的，我们需要依赖直觉得到的"示能"信息来告诉我们如何与机器沟通。同样重要的是，机器也要以此与外界沟通。我们需要"示能"来进行沟通：这就是苏萨和我进行讨论的重要性，以及她从符号学方向研究"示能"的重要性。

> 地面轻微地向前倾斜，几乎觉察不到，引导你走向圣坛……这个神圣庄严的建筑，不带任何强迫性地让你穿过内部空间，无须单一的指引，你自然知道走向哪儿［《纽约时报》关于圣皮埃尔大教堂（法国，菲尔米尼）的评论］。

请留意上面引文所说的"你自然知道走向哪儿"，这就是可见的、直观的"示能"的强大力量。它们能够引导人的行为，而且在最佳状况下，不会让人觉察到被引导——就是认人感觉很自然。这就是为什么我们能与周围大部分的物品互动得那么好。它们是被动的、回应的，只是静静地在那里待着，等着我们行动。就像在教堂礼拜时，我们自觉地走向圣坛。当遇到家用电器，譬如电视，我们按下按钮，电视就跳转频道。我们走路、转弯、推压、提拉，就会操作某些事情。在所有这些例子里，设计的挑战是让使用者事前知道可以做哪些可能的操作，需要做什么样的操作以及如何去操作。当操作正在进行时，我们需要知道操作进行的状态。事后，我们还要知道操作后产生了什么样的改变。

以上的叙述，基本上描述了我们现在每天接触到的所有设计品，从家居电器到办公室设备，从电脑到老式汽车，从网站和电脑的应用程序到复杂的机械。设计的挑战相当大，而且并非经常成功，因而导致我们对很多的日用品感到失望。

## 与自动化的智能设备的沟通

未来用品所带来的问题，不能单靠可见的"示能"就能解决。自主而智能的机器会带给我们特殊的挑战，部分由于机器和人的沟通必须是双向的：从人到机器和从机器到人。我们将如何与机器进行双向沟通？为了回答这个问题，让我们看看多种多样的机器与人的配对——汽车、自行车，甚至骑马，然后探讨一种机器与人结合的有效沟通。

在第一章里，我说过马和骑手共生的观念已经成为实验室里的一个研究项目，正在被美国太空总署和德国布蓝兹维的运输系统中心的科学家们研究。像我一样，他们的研究目标也是增进人机互动（human – machine interaction）。

当我到布蓝兹维去了解他们的研究时，也学到了很多关于骑马的事。这个德国研究团队的主管弗兰克·佛雷米西（Frank Flemisch）向我解释说，骑手对驾驭马与马车很重要的一点在于"放松缰绳"和"收紧缰绳"的区别。当骑手勒紧缰绳时，骑手直接控制马的活动，用收紧这种方式让马知道他们的意向。当骑师放松缰绳时，马就有更多的自主性，能让骑手做其他活动，甚至睡觉。松和紧是连续性控制程度的两端，它们之间有不同的控制程度。此外，尽管缰绳勒紧，骑手直接控制马，马仍然可以不配合或压根儿不听指挥。同样的，松弛缰绳时，骑手仍然可以利用缰绳、吆喝、夹紧大腿等方式调整控制马。

图 3.1 所示的四轮马车，更加贴切地展示了马与骑手的互动。这时，马车夫不像骑手骑在马背上那样紧紧地驾驭马，而像一般的非职业驾驶者在驾驶一部现代汽车。马与马车上的车夫之间，或者驾驶者与汽车之间的配合都受到某种程度的限制。尽管如此，在这里松与紧连续的两极之间不同程度控制的概念仍然适用。请注意，动物的自主程度或是人的控制程度经由内隐沟通，而这都是通过缰绳的"示能"作用来实现的。把内隐沟通和"示能"合并起来便成为一个强大而自然的概念。这种与马一起合作的方式非常关键，可以借用到人机系统设计中——在设计一个系统时，要使系统独立自主，并且互动的程度能够自然地变化，要善于利用操作者的"示能"及其沟通能力。

我在布蓝兹维驾驶模拟汽车时，发现"松"和"紧"的控制方法很不一样。在"紧"的状态下，我承担大部分的驾驶任务，决定油门的大小、刹车的力度，还要自己掌控方向盘，可是车子用不同的方式暗示我稳定地行驶在高速公路的车道之内。如果我与前车距离太近，方向盘就往后顶，暗示我要减速。同样的，如果我开太慢了，方向盘就往前收，催我加速。在"松"的状态下，车子就显得过于积极，我几乎根本不必做什么。我甚至有种感觉，可以闭上眼，让车子自行驾驶。可惜，在有限的拜访时间里，我没有试验过所有我现在认为应该测试的功能。在模拟展示过程中，唯一遗憾的是，没有让驾驶者选择要给车子多少的控制权。这个控制程度变换的能力是很重要的，比如紧急状况发生时，也许有必要很快交还控制权，不能影响驾驶者专心处理非常状况的注意力。

马与骑手的概念模式为人机界面的开发提供了强有力的借鉴作用，可单单借鉴是不够的。我们要知道更多有关的界面，让人欣慰的是这方面的研究已经开始了，科学家正着手研究如何将人的意愿最好地传给系统，反之亦然。

图 3.1　以放松缰绳控制马和马车

一匹聪明的马同时提供动力和方向，骑手可以轻轻松松无须费心。这就是放松缰绳控制法，由马主导。

［作者摄于比利时布鲁日（Brugge）］

　　系统将目标和意向传递给人的方式之一是明确显示它正在使用的策略。克里斯托弗·米勒（ChristopherMiller）和他的研究团队建议系统之间共享"策略脚本"（playbook）。他们表示研究的基础"在于建立共同领域里的共享任务模式。这种模式是人机之间沟通计划、目标、方法和资源应用的一种方式——这个过程有点像体育队员们按照他们的战略计划来比赛。策略脚本可以让人工操作者与系统灵活互动，就像与很有经验的部属互动一样，如此可产生适应性的自动化"。这个研究团队的想法是：操作者选择一项策略脚本向自动化的机器表达他的意向，或者，如果自动化机器在运行，机器可以让操作者知道它选择的策略脚本。这些科学家的研究重点在于飞机的控制，因而策略脚本或许会表明飞机将如何起飞然后达到巡航高度。当机器自主运行，控制当前状况时，需要随时表明它在如何运作，以便操作者了解如何在必要时立刻介入全盘计划并改变运行策略。在此必须指出，机器显示运行的方式很重要。书面描述或行动计划列表等方法恐怕不是上策，因为那需要花太多的精力去处理。我们需要显示运作的简单方法，才能让策略脚本这个方法更有效，尤其对于那些不想接受训练就使用家居智能设备的普通人。

　　我已经看到类似的概念应用于大型商用复印机上，这些机器清楚地显示出哪一个策略脚本正在运行中，例如：五十份、双拼、双面、装订、自动分页。在复印机的显示屏上，我们能看到这些功能都使用了很好的图示效果。通过纸张的翻页代表双面打印，印好的页面如何与其他页面合并。这样就比较容易知道是否对齐，是根据短边翻页，还是长边翻页，还呈现出整整齐齐一叠已经打印装订好的文件，并用堆叠的高度表示工作完成的进度。

　　在"松"的操作状况下，当自动化的机器相对自主运作时，机器的显示状态与策略脚本类似，能让操作者了解机器正在按照哪一种程序运作以及已经运作到什么程度。

### 戴佛特城的自行车

戴佛特（Delft）是荷兰大西洋海岸的一个美丽小城，也是戴佛特科技大学（Technische Universiteit Delft）的所在地。当地街道狭窄，且有数条运河环绕着商业区。从酒店区走向戴佛特科技大学，漫步经过蜿蜒曲折的运河，穿过弯窄的街道，一路风景如画。然而，途中遇到的危险并不是来自汽车，而是来自蜂群般的自行车，他们四面八方地高速穿梭，好像无处不在。在荷兰，自行车有自己的车道，与汽车和人行道是分开的。然而，在戴佛特的市中心，自行车和行人混在一起。

"这绝对安全，"招待我的人一直保证，"只要你别伸手，也不要试着躲避。不要突然停下或猛然转向。总之要让人能够预测。"换句话说，就是保持匀速的步伐和稳定的方向。根据可以预测的假设，骑自行车的人已经小心地计算过他们的路径，不会与其他自行车和路人相撞。如果行人试着要与自行车骑士斗智斗勇，后果将不堪设想。

戴佛特的骑行者提供了我们如何与智能机器互动的一种可能模式。毕竟，我们有一个操作者，即行人，与智能的机器（自行车）在互动。在这个案例里，机器其实是自行车与人的结合体，人既提供动力，还有智慧。行人和自行车与骑行者的结合体都由人的大脑全力控制，然而，两者之间未能成功协调一致。自行车与骑行者的组合并不缺少智慧，只缺乏对行人的沟通。那么多的自行车，速度都比行人快。行人不可能与骑自行车的人交谈，毕竟当两者接近时，为时已晚，无法磋商。在缺乏有效的沟通之下，互动的方法便是行人走路的速度和方向必须能够预测，如此就无须协调：只需参与者一方，即自行车与骑行者做路线规划，而另一方应对即可。

这个案例可以当成设计的好教材。如果一个人不能与由人操纵的智能设备协调活动（比如自行车与骑行者），凭什么我们认为与智能设备顺利

图 3.2　自行车王国——荷兰

从环保角度来说，自行车是很好的，但对要穿过市中心的行人而言却容易造成危险。遵循走路要有可预测性的原则，不要试图帮助骑自行车的人。如果突然停下来或改变方向，他们就会撞上你。（作者摄）

协作会更容易呢？这个案例说明我们不应该朝这个方向去努力。未来聪明的机器不会尝试去了解与之互动的操作者的心思，也不会去推测他们的动机，或者预测他们的下一个行为。因为如此一来，会面临两个问题：首先，它们可能会出错；其次，这样会使机器的行动不可预测。操作者试图预测机器可能会怎么做，同时，机器也试图猜测人的行动，这样的话一定会混乱。切记戴佛特的自行车，它们说明了一个很重要的设计法则，即可预测性。

　　现在再来看下一个左右为难的问题：人和智能设备，哪一个应当是可以被预测的部分？如果两个部分都同样聪明、能干，那就没有问题。这就像骑自行车的人和行人的例子。智慧都来自于人类，所以无论骑自行车的人还是行人都能小心地预测和应对。只要每个人对彼此扮演的角色都有共识，就没有问题。然而，大部分情况下两边并不平等。人类的智力和对外界所掌握的普遍认知，远超过智能设备所拥有的。行人和骑自行车的人有某种程度的共识和共同背景，他们唯一的困难是两者之间没有足够的时间做充分的交流和协调。至于人与机器之间，并不存在沟通所需的共同领域，所以，最好是机器的行为可以被预测，然后操作者对机器做出适当的反应。在这里，策略脚本的想法可以有效地帮助操作者了解机器所遵循的运作程序。

　　如果机器试着要推测人的动机，然后进一步猜测人的行动，轻者会导致混乱，严重者甚至会产生极端危险。

### 自然安全

　　第二个例子揭示了人对安全的看法一旦改变，就能降低意外事故的发生率。我们称这为"自然安全"，因为它依赖于人的行为，而不是安全警告、安全信号或安全设备之类。

哪一个机场的意外事故比较少？是那种平坦的、视线良好、气候温和的"容易起降"的机场［如亚利桑那州的图森（Tucson）机场］，还是附近有山，多风、不易起降的"危险的"机场［如加州的圣迭戈（San Diego）或香港机场］？答案是——危险的机场。为什么？因为在危险的机场起飞和降落时，飞行员比较警觉、专注和小心。一个打算在图森机场降落但差点出事的驾驶员在他给 NASA 的意外事故自愿报告系统中描述到"视野清晰，天气温和的起降条件让他们过分自信"。（幸亏因为防撞系统及时警告了飞行员，得以避免了一场灾难。还记得在第二章开始的第一个例子里，飞机向飞行员说"拉升，拉升"吗？就是这个系统救了他们。）对于安全问题的判断在感觉上和实际上存在差别，此原理也同样适用于汽车交通安全方面。有一本杂志在报道荷兰交通安全工程师汉斯·蒙德门（Hans Monderman）时，其副标题说出了这个要点："让驾驶看起来更危险，反而可以使开车更安全。"

人们对自己将要承担的风险的主观判断会大大影响他们的行为。很多人害怕坐飞机，但不惧怕坐车，或者在车里被雷电击中。其实，坐在车里，不管是驾驶者或是乘客，比乘坐民航客机更加危险。关于雷击，全美国于 2006 年被雷电击毙的约有五十人，而因民航空难死亡的乘客只有三个。可见坐飞机比大雷雨时出门更加安全。研究主观认定危险的心理学家发现，把一项活动设计得更安全，经常不会改变意外事故的发生率。这个奇怪的结论导致一个假设，就是"风险补偿"（risk compensation），它的意思是当改变一项活动使它看起来比较安全后，人们就倾向于做更危险的事，但由于两者互相抵消，事故率仍然保持不变。

因此，汽车加装安全带，摩托车骑手戴安全帽，美式足球制服加添保护垫，滑雪的人穿更高、更合脚的高筒鞋，汽车装备防滑刹车系统、稳定控制系统等，改变了人的行为，结果意外事故发生率还是一样的。同样的原理甚至于应用到保险业：人们如果投保了盗窃险，他们对自己的私有财物就不那么上心了。森林看守员和登山者发现，设立救护队的方式增加了敢于冒险的登山者的数量，因为他们相信万一发生危险，有人会救他们。

"风险稳态"（risk homeostasis）是研究安全的文献里用于这种现象的科学术语。这里的"稳态"（homeostasis），意指一个系统倾向于维持稳定的平衡状态的科学术语，在这里则是指一种持续的安全状况。根据这个假设，如果把环境设计得看起来安全一点，开车的人就会从事更冒险的行为，结果，实际的安全程度还是一样。自从这个论点在 20 世纪 20 年代由荷兰的心理学家吉拉德·威尔德（Gerald Wilde）提出后，引起了争论。争论的要点是在于这现象的原因和程度，而对于现象本身的真实性没有质疑。所以，何不把这种现象反过来加以利用呢？为何不把东西设计得看起来比实际的更危险，以达到安全的效果？

假设，我们把交通安全设施拆除，不再有红绿灯、"停车"标志、人行道斑马线、宽广的街道或特定的自行车道。反之，我们设置环岛，减少街道宽度。这个构想好像非常疯狂，而且违反常识。可是，这就是荷兰交通工程师汉斯·蒙德门对都市交通设计的主张。赞成这个主张的人把这方法称为"共享空间"（Shared Space），并已经把这方法成功地用在欧洲的几个城市：丹麦的艾比（Ejby）、英国的伊普斯威奇（Ipswich）、比利时的奥斯坦德（Ostende）以及荷兰的马金甲（Makkinga）和德拉赫滕（Drachten）。这种思维并不改变高速公路对交通信号和交通规则的需要，但在小城市，或者大城市的特定区域，适合这个方法。这方面的工作者报告说在英国伦敦"共享空间的原理已应用到重新设计繁忙的购物街：肯辛顿主街（Kensington High Street）。由于效果良好（路面意外事故下降了40%），市议会计划把共享空间的原理也应用到展览路（Exhibition Road）——这是伦敦最重要的博物馆区的中心大道"。以下是他们对此的解释。

共享空间，是公共空间设计的一个新方法，已经受到广泛注意。它最令人赞叹的性质是不使用传统的交通管制方法，像交通信号、道路标志、减速带和护栏，而是混合车流。"共享空间希望人们对'他们'的公共空间负起责任，决定他们需要什么样的公共空间以及在这空间内应该有什么样的行为表现。"共享空间专家团队的主管汉斯·蒙德门说："交通信号已不再规范交通，现在是人在管理交通。重点就在这里。使用道路的人必须考虑到其他使用者，回到以前每日遵行的良好举止行为。经验告诉我们，此方法的另一个优点是减少了道路交通事故。"

逆向使用"风险补偿"观念是个不易采纳行使的政策，需要依赖市政当局的勇气。虽然它也许可以减少交通事故中整体的意外和死亡，可是不能完全避免车祸。只需发生一宗致命车祸，焦虑的市民便会争论，要求提供警告信号、红绿灯、行人专用道并加宽路面。街道看起来危险也许反而比较安全的这个论点，很难在争论中坚持下去。

为什么看起来比较危险的事情实际上反而比较安全？有一些人肩负起解释这个成效的挑战，特别是英国的研究员爱里奥（Elliott）、马可（McColl）和肯尼迪（Kennedy），他们提出了以下相关的认知机制（cognitive mechanisms）：

复杂的环境会带来较慢的车速，也许从认知机制的要点来说，这增加了认知负荷与感知风险。

自然路况平抑车速，如拱桥或弯道都能有效降低车速，同时这种方法也容易被驾驶者接受。应用自然路况平抑车速的原理仔细地设计，有可能得到类似效果。

强调环境的改变（例如公路与乡镇交界），会增强觉察性、降低速度，或两者兼得。

阻隔远方视野或打断直路可以减速。

制造不确定性可以帮助减速。

多种方法综合使用比单独方法有效，不过可能比较容易引起视觉上的干扰，且成本可能较高。

　　路边的活动（像路旁停车、行人或自行车道）可帮助减速。

　　居家生活中，跌倒和中毒是意外受伤和死亡的主要原因。为何不也同样使用"逆向风险补偿"概念？为何不让危险的活动看起来更加危险？假设我们把浴缸和淋浴装备设计得看起来更加湿滑（实际没有那么厉害）。或者，我们把楼梯设计得看起来比实际上更危险。我们也许把可能被吞下的东西设计得让人望而生畏，比如说像毒药。放大危险的可见性会减少意外事故的发生吗？或许会。

　　如何把这个"逆向风险补偿"概念应用到汽车设计上？如今，驾驶者徜徉于舒适之中，听不到路面噪音，感受不到震动，与高温无缘，享受着安逸与音乐，可以与乘客聊天，甚至是使用手机（事实上，研究结果显示，开车时使用手机通话，即使是免提通话，其危险性和酒驾一样）。这会让驾驶者远离外界状况，失去对外界状况的觉察。再加上日益发展的自动化技术，承担了控制汽车的稳定性、刹车、保持车道行驶等任务，更进一步让驾驶者离开真实的驾驶操作。

　　不过，假设把驾驶者从车内舒适的环境移到车外，就像以前的马车夫，要暴露于变化的天气之中，遭遇风雨，欣赏美景，忍受路面的颠簸和噪音。很明显，开车的人不会允许我们这样对待他们。那么，该怎么做才能让驾驶者不必忍受外界残酷的环境，又能唤起对行车状况的觉察？如今，依靠车载电脑、引擎和先进的机械系统，我们不仅能控制一部车子的运作，而且能控制它给驾驶者什么样的感觉。因此，我们可以更好地经由自然的方式使驾驶者觉察外界路况，无须用到那些需要加以解释、辨认和遵守的信号。

　　设想一下，当你开车时，突然觉得方向盘松动，车子难以控制，这时你的感觉会怎样？你难道不会更加警觉、更注意安全吗？如果我们故意制造这种状况会怎么样？驾驶者会不会更小心？一些未来汽车的设计可能会这样做。一步一步的，汽车也转换到所谓的"电子驾驶"，即由电脑取代机械控制汽车。这是现代飞机的控制方法，很多汽车已经将油门和刹车交由电脑控制，信号会传送给车上许多微处理器。有一天，方向盘也会由电子线路控制。它由电机或液压动力系统提供反馈给驾驶者，感觉上就像驾驶者在旋转方向盘，再由方向盘振动感觉到路况。当我们能做到这一点时，我们也可以模仿车轮打滑、剧烈振动，或是松弛、摇摆的方向盘等情形。智慧科技的妙处在于我们能够提供精细、准确地控制，同时又能让开车者觉得他们在控制松弛、摇摆的方向盘。

问题是，摇摆的方向盘可能使开车的人误以为车子有什么问题。这不但可能给驾驶者错误的信息，也绝非汽车制造商所能接受。有一次我将这个问题与一家用型汽车制造商的工程师谈论。他们尴尬地笑了，"我们为什么要生产一种有时会被认为运转不正常的产品？"他们反问我。这是很好的看法。然而，我们不是让汽车看起来更危险，而是让使用者觉得环境更危险。

想象一个人在老旧的泥巴路上开车，陷入很深的车辙里，左右动弹不得。在这种状况下，我们不会责怪汽车，只会抱怨路况不好。如果行驶在厚重泥泞的公路上，汽车无法灵活反应，只能慢腾腾地前行；或者在容易打滑的冰雪道路上，我们会小心翼翼地减速慢行，但仍然会抱怨汽车不给力；最后，如果行驶在干净的新式高速公路上，视线所及所有车辆，汽车的反应灵巧敏捷，此刻，我们会认为这都是汽车的优势。

所有这些环境的变化理应对驾驶者的反应产生影响，但将其归之于环境因素，而不是汽车本身。这样自然会导向正确的行动：一些事情看起来越是危险，掌控的人就越小心。

为什么要这样做？由于现代的汽车太舒适了。经过有效的减震和行驶控制系统，还有汽车内饰降噪，减轻对路面振动的路感，使驾驶者失去了与外界环境的直接接触。因此，只好靠人工增强从环境得来的信息，更好地让驾驶者感受到路况。

请注意，我并非赞成把东西实际上设计得更危险。我的意思是通过适当的反馈信息，开车的人会更加小心安全地驾驶。当然，我们应该继续真正提高车辆的安全性。多方证明，我们知道完全自动化的系统已经非常有效，像防滑刹车系统，稳定控制系统，烟雾探测报警系统。骑车、玩滑板、滑雪时使用的头盔以及机械加工时使用的防护罩等保护装置，所有这些对安全都至关重要。然而，这些自动系统的有效性只限定在一定的范围之内。如果驾驶者在第一时间更加小心安全地驾驶，当意外发生时，这些自动系统才发挥更有效的作用。

这些想法是有争议性的，甚至连我自己也不十分确定其可行性。人的本性就是如此，有人偏偏要做与我的预测相反的事情，自以为是地忽视了路面的湿滑，"唉，路面真的没有那么滑，这只是汽车想让我慢下来。"但如果路面真的很滑呢？再说，你会买个故意吓你的车子或工具吗？这可不是好的营销策略，而是个坏主意。

不过这种假设仍有其真实性。现如今，我们生活得过于舒适，远离外界固有的危险，还有因操作复杂且功率强大的机械而带来的潜在危险。如果摩托车、汽车、机械设备和药物看起来就如它们实际上那么危险，或许人们就会随之改变自己的行为。当所有的东西都是防音、避震，而且防菌，我们就不会注意到真正的危险。这就是为什么我们需要把真实的危险状况重现回来。

### 应激自动化

带有动力辅助系统的装置，如刹车和方向盘，是人和机器自然协作的基本例子。得益于现代电子科技的发展，人机之间发展出更多的合作。以

"酷博特"或"协作机器人"（Cobot or Collaborative Robot）为例，它由埃德·科尔盖特（Ed Colgate）和迈克·佩什金（Michael Peshkin）两位教授在他们任教的西北大学智能机械系统研究室发明。酷博特是人机之间自然互动的另一个绝佳例子，类似于马与骑手的关系。当我要求佩什金教授讲讲酷博特时，他是这么说的：

> 最聪明的物件是那些能与人的智力互补的，而不是尝试超越人的。就像最聪明的老师一样。
>
> 酷博特的亮点在于人与机器之间共同控制、共享智慧。机器人专注于自身优势，操作者则发挥人类所长。
>
> 我们最先把协作机器人用于搬运货物、汽车组装和仓储业务方面。酷博特负责寻找存储空间，好让人能够迅速准确、不费力地把大件物品放妥。如果大件物品没有固定的存储空间，工作人员可以用他们的视力、灵巧的手脚和解决问题的技巧去移动那物品。如有必要，他们还可以把物品沿着一个导向平面往上推。

酷博特是一个精彩的人机共生的例子，由于使用者也参与其中，利用协作机器人，就像日常操作那样搬运和移动物体。唯一不同的是这些物件可能很重，但由于协作机器人的帮助，搬运和放置不需要操作者费太大力气。这个系统会放大力量：操作者只需要施加很小的、力所能及的力量即可，其他的工作由机器人来完成。操作者觉得好像自己在完全控制机器人，甚至不觉得背后有机器在帮忙。另外一个例子，将协作机器人技术应用在汽车生产线上，帮助工人安装汽车发动机。一般来说，要提起像汽车发动机这样的重物，必须要靠人工控制的高架提升机，或者可以自动完成工作的智能起重机。如果用协作机器人，工人只需要把绳子和钩子挂在发动机上，然后轻轻一提就行。发动机非常重，一个人根本提不起来，更不用说用一只手，但协作机器人能够感应到提升的力量，然后提供升举发动机所需要的力量。当工人要把发动机移位、旋转或是再放低一些，他们只需轻轻地提升、推移、旋转或往下拽拉；协作机器人能感应到这力量，然后把力量放大到足够完成任务的程度。结果就是完美的人机合作。工人们并不觉得他们使用了机器，而是以为自己在移动发动机。

酷博特还可以被设计得更加先进、成熟。例如，如果发动机不应该朝某些方向移动，或者不能沿着某些规定的路径搬运，协作机器人的控制系统可以设置虚拟的墙壁和路径，如此一来，操作者如果把机器人往墙壁的方向推，或者偏离规定路线，协作机器人就会拒绝执行，不过会以自然、客气的方式拒绝。事实上，工人可以利用这个人工假想墙作为帮手，比如先把发动机随便推到"墙边"，然后沿着这设定的墙移动机器。这种人工的范围设定操作起来感觉很自然，会让人以为好像真的有一道墙存在，使用者并不会感到机器在强迫你操作。因而你可以自然地避免越界，或者使用它作为指引，有意沿着"墙"移动机器，以保持直线路径。下面是酷博特的设计者对这种可能用途的说明。

> 令人兴奋的可能应用之一：用电脑程序设定一些限制。例如，用来作为限制移动的实体墙，可以有效地起到导向作用，极大地改进一些任务操作性能，如"遥控插配作业"（peg-in-hole）。另一个例子是使用"魔术鼠标"（Magic Mouse），一种电脑界面操控设备，可以将操作者的手势导向有益的方向。例如，可以避免鼠标滑出下拉式菜单。第三个例子是机器人外科手术系统，是机器人帮助导引外科医生手中的手术器械。第四个例子是汽车装配生产线，即利用事先设定好的限制条件帮助工人将大型配件，如仪表板、备胎、座椅、车门等，无碰撞损伤地移动到目标位置。

协作机器人是动力辅助（power-assisted）系统大家族中的一员。还有一个例子是那种动力驱动的机械外骨骼（exoskeleton），这是一种可以穿在身上的外壳式的衣服或机械式的外骨架，就像酷博特一样，它能感测到人的动作，然后将动作的力量放大到所需的程度。机械外骨骼目前尚未实现，还停留在概念阶段。这一类未来机器人的拥护者认为，这类装置能用于建造房屋、扑灭火灾和其他危险环境的工作，让人可以提起重物，跳得更高更远。它们还有益于残疾人的物理治疗，让他们恢复正常的体力，同时还可以提供康复训练，最终增强病人的力量，顺利完成康复流程。与驾驭马匹的比喻用在汽车控制上非常类似，控制缰绳松紧变化的概念也能应用在这里，医用康复外骨骼也能够随着病人控制程度的变化而变化，即病人主导为"拉紧缰绳"，机器人主导为"放松缰绳"。

自然互动的另一例子是赛格威个人代步车（Segway Personal Transporter），这是一个两轮的个人运输系统。赛格威代步车聪明地设计出人机共生，它可以同时支持行为控制和人类的高级反应控制。人站在代步车上面，代步车就自动保持人和机器共同平衡。当你上身往前倾，代步车就往前移；往后倾，代步车就停下来。同样地，想转弯，稍将上身倾向于要转的方向就能实现。代步车比自行车好用，而且自然。然而，就像马并不适合所有人一样，赛格威代步车并不适合任何人，它要求使用者具有一定的技巧和注意力。

我们来对照一下比较自然的人机互动，如马与骑手、酷博特与工人，或者人与赛格威代步车；比较刻板的人机互动，如飞机上的驾驶员与自动驾驶系统，或者驾驶者与汽车的定速巡航系统。在后者的互动中，设计者假设操作者会慎重地设定控制条件，开启系统，然后由系统自动去运作——直到系统出了问题，这时，操作者就得立刻去解决影响了自动操作的问题。

本章节所提到的一些自然的、反应性的互动案例，说明了恰当应用机器智能和协作的优势，设计出真正的人机共生——这是人机互动的最佳境界。

图3.3　赛格威个人代步车

一种协作机器人，人站在上面用身体的倾斜方向控制车子的移动方向，人与代步车轻松自然地形成一个共生体。（赛格威公司授权图片）

## 第四章

机器的仆人

### "驾驶人受困环岛十四小时"

马萨诸塞州哈姆斯德市 4 月 1 日报道。开车人皮特·纽旺（Peter Newone）说他好像刚结束了一场噩梦。昨日，星期五上午九点左右，五十三岁的纽旺开着他刚买的豪华汽车进入市内的环岛。他的车子有最先进的安全功能，包括一个叫作"车道维持"的新功能。"它就是不让我离开环岛，"纽旺说，"当时我在环岛的最内侧车道，每一次我试着要换车道出来，方向盘根本就不让步，而且有个声音一遍又一遍不停地提醒，'警告！右边车道有车。'直到晚上十一点我才得以从内侧车道驶出，它终于让我出来了。"纽旺在病床上说出事情的经过，他的声音仍然在颤抖。"我终于离开环岛，开到路边，然后就不记得接下来发生的事。"

根据警方报道，他们发现纽旺昏迷在车内，语无伦次。他被送到纪念医院观察，被诊断为极端休克和脱水。今晨纽旺已经离开医院。

汽车公司的代表纳姆若先生说他们无法解释这种现象。"我们的车子都经过仔细的测试，"他说，"而且这个功能已经通过技术员彻底检查。这是一个重要的安全功能，而且设计时规定方向盘只要超过八成扭矩，它就会失效，这时驾驶者就可以一直控制汽车，不受车子的自动系统支配，这样设计是为了安全考虑。我们为纽旺先生感到抱歉，并且要求我们的医生为他的状况进行诊断。"

警方说他们从没听过类似事件。明显，纽旺先生遇到了一个小概率事件。恰好事发当日出现罕见的、持续不断的交通高峰期——附近一所学校举办了庆祝活动，所以整日的交通流量都很高，再碰上一些不常见的体育活动、足球赛、晚间音乐会，所以交通从早到晚都异常拥挤。记者数度要求与相关单位和官员接触都没有成功。负责调查所有非常规交通事故的国家交通安全委员会说这次意外并非典型的交通事故，所以不属于他们调查的范围。联邦和州政府的交通官员都闭口不谈。

小心翼翼的车子、爱发牢骚的厨房、难伺候的设备。小心翼翼的汽车？我们已经有了这种谨慎小心，甚至有时候会害怕的汽车。爱发牢骚的厨房？还没有，可是快了。难伺候的设备？噢，是的，我们面对的产品已经越来越聪明，越来越智能，也更加难以伺候，或者，如果你乐意，可以称之为"老大"。这种发展趋势带来了很多特殊的问题，与应用心理学领域或某些未知领域相关。尤其要指出的是，我们的产品现在已经是人和机器社会生态的一环。因此，它们需要社交礼仪、高超的沟通技巧，甚至具有情绪——机器的情绪，当然，也是情绪。

如果你觉得家里用到的科技产品已经太复杂，难以操作，等等看，下一代产品将会是什么情况：发号施令的、难以伺候的科技，不只控制你的生活，还把它们的缺点怪到你身上。这本书很容易就被塞满可怕的故事，像是那些现在发生的真实事件，加上未来趋势下可以想象到的虚拟故事，就像上面提到的纽旺先生的遭遇。

想象一下可怜的纽旺先生，被困在环岛长达十四小时。这能发生吗？故事开始的日期是 4 月 1 日愚人节，透露出这故事是虚构的端倪。这是我于愚人节时为《RISKS 电子通讯》（*RISKS Digest*）写的故事。《RISKS 电子通讯》专门研究报道高科技事故和差错。故事中提到的技术确实存在，而且已经应用到正在销售的汽车上。就像故事中汽车公司的发言人所说，只要 80% 的扭矩就可以保持汽车留在车道内，也就是说，开车人于紧急必要时向方向盘施加大力（超过 80%）就可以取得控制权，因而，理论上纽旺先生可以轻易克服力矩。可能纽旺先生太缺乏自信了，不管怎样，一旦他感觉到方向盘的反作用力，他立即就放弃了。也许汽车的机械、电子零件或系统程序出了问题，需要用尽全力才能转向，而不是 80%。会发生这种状况吗？很难说，但不可否认，似是而非才真正让人担心。

## 我们已成为自己工具的工具

　　注意！人已成为他们工具的工具。

　　　　　　　　——亨利·梭罗《湖滨散记》（Henry Thoreau，*Walder*）

当梭罗写道"人已成为他们工具的工具。"他指的是 19 世纪 50 年代相当简陋的工具，像斧头、农具和木匠工具。不过，即使在他的时代，工具也界定了人的生活。"我看到了一些年轻人，我们同村庄的人，不幸地继承了农场、房屋、牛舍、牲畜和农具。这些东西来之容易，去之不易。"今天，对于所有的科技产品，我们总是抱怨那些无穷尽的维修工作。梭罗看到我们今天那么多的工作，定会深表同情。因为他早在 1854 年就认为他邻居的工作比希腊神话中大力士赫尔克里斯（Hercules）的十二种劳役还要多。"赫尔克里斯的十二种劳役与我邻居的工作比起来算是小事，因为他只有十二件事，总会有个终结。"

如今，我要套用梭罗的惋惜，"人们成了科技的奴隶，工具的仆人。"感触是一样的。我们不仅必须服侍我们的工具，整日尽心地使用它们、修缮它们、擦亮它们、安抚它们，而且甚至当它们带来灾难时，还高高兴兴照它们的话做。

想要回头，为时已晚，我们的生活已经离不开这些工具了。虽然人们经常控诉的罪状是："科技让人困惑和受挫。"这成了标准说法。然而，这埋怨有点错了方向：我们使用的大部分科技产品都性能良好，包括梭罗用来写下抱怨文字的文具。顺便一提，梭罗本人也是技术狂，会制造工具。梭罗家族经营铅笔制造业，他还曾帮忙改进铅笔的制造技术。是的，铅笔也是一项科技。

> 科技：新东西，性能不是很好，或者运作方式是神秘的、难以理解的。

根据一般术语，"科技"这个词通常是用于形容我们生活里面新的东西，特别是那些新奇、神秘的或是令人敬畏的东西，这样说会让你印象深刻吗？火箭太空船、外科手术机器人、互联网——这都是科技。那么铅笔和纸张呢？衣服呢？厨房用具呢？与一般大众定义相左的是，"科技"一词其实是指任何系统地应用知识于人工制品、材料和我们生活中的一些流程。它可以应用到任何人为制造的工具或方法上。所以，我们穿的衣服是科技的产物，同样，我们的文字书写系统、大部分的文化，如音乐和艺术都可以被视为科技或是科技产品。如果没有音乐家和画家使用的乐器、画板、油彩、毛笔、铅笔和其他工具等，就不会存在音乐和艺术的作品。

直到最近，科技大致在人的控制范围中。虽然科技慢慢有了更多的智慧，但仍是可以被了解的智能。毕竟，人类创造了它们，并且加以控制：启动、停止、瞄准和指挥。

不过情况已经不一样了，自动化已经取代了很多人做的工作。有些不引人注目，如自动化的废水处理系统；有些则显而易见，如银行的自动提款机让多少银行职员失业。这些自动化的系统引发了一些社会议题，这都是重要的议题。不过，这里我关注自动化还没有完全取代人的那一方面，人还要留着处理自动化失败造成的问题。这些是主要压力所在，也是发生危险、意外和死亡的原因。

如同《纽约时报》（*New York Times*）的报道，汽车"已经变成有轮子的电脑"。电脑的威力何在？无所不及。电脑可以分别为驾驶者和乘客调节冷热空调，让每位乘客能分别控制音频与视频分开的车上娱乐系统，包括高清晰度的显示屏和环绕立体声音响。电脑还提供通讯系统，如电话、短信、电子邮件等。汽车的导航系统告诉你的位置、目的地、交通状况如何，最近的餐厅、加油站、旅馆和娱乐场所位于何处，而且还可以支付过路费、快餐服务以及下载电影和音乐。

当然，大部分自动化技术在控制汽车。有些系统完全自动化，连驾驶者和乘客都未觉察到，如关键流程的时序控制、火花塞、节气门开关、油门、发动机冷却、动力刹车和助力方向盘。有些系统是半自动的，部分参与控制且使用者能觉察出来的，如刹车和稳定系统。有些科技与驾驶者互动，如导航系统、巡航定速系统、车道维持系统，甚至还有自动泊车。这些只是科技应用于目前和未来的几个例子而已。

撞击预警系统用前视雷达监测汽车可能发生的碰撞，并做好万一发生碰撞的准备，像竖直椅背、束紧安全带，并启动刹车系统。有些汽车备有摄像头，随时监控驾驶者。如果驾驶者好像没有注视前方时，就会用光线或声音给驾驶者提醒。如果驾驶者没有反应，汽车就会自动刹车，可以想象，有一天我们会在法庭听到下面的侦讯：

> 检察官："接下来，我要传唤下一位证人。汽车先生，你是否宣誓做证，在相撞之前，被告没有注意路况？"
>
> 汽车："是的，我一再提醒和警告他会有危险，但他还是一直看着右边。"
>
> 检察官："那时，被告对你做了什么？"
>
> 汽车："他企图清除我的记忆卡。幸亏我有密码保护、防止窜改的记忆储存系统。"

不久的将来，你的车子会与附近的车子闲聊，交换各种有趣的资讯。它们之间会用一种无线网络系统进行沟通，技术上称为"即时网络"（ad-hoc），这种即时网络只在需要时搭建，可以让汽车互相提醒对方前方的路况。就像对面的汽车用闪灯做信号，告知你前面有交通警察（或用双向无线对讲机，亦或手机）。未来的汽车会告诉对面来车有关前面的交通状况和高速路况，障碍物、撞车、糟糕的天气以及任何其他有用或无用的信息，同时也会获知如何处置的信息。汽车能够交流的信息远不止这些，也许还包括人们认为是隐私的个人资料。

"爱八卦的汽车"。当两辆车窃窃私语时，它们在谈些什么？天气或者交通状况，或者当它们都高速冲到路口时谈论先后通过顺序，为什么不呢？至少，研究人员正倾心于这些。当然，你也可以打赌说，聪明的广告商已经在动脑筋了。每一个路边的广告牌都有自己的无线连接网络，可以向汽车宣传自己的商品。想象一下，一个广告牌或店铺能够从导航系统得知车子的目的地，或许会向你推荐当地的饭店、旅馆、购物中心。它们有办法控制你的导航系统，更改系统程序，将驾驶者导向广告商的客户。当有一天汽车能够控制方向盘时，车子也许能把你载到它选择的饭店，甚至预先为你订好你喜欢的菜肴。"什么？"它也许会说，"你的意思是你不想每天都点自己爱吃的？每个菜都不要？真奇怪！——那么你为什么喜欢这些菜？"

如果一大堆广告或电脑病毒塞爆你的电话、电脑和汽车的导航系统，该怎么办？可能发生这种事情吗？不要低估了广告商、恶作剧制造者或犯罪者的聪明才智。一旦系统通过网络连接起来，任何难以想象的事都有可能发生。技术专家会说没有如果，只有何时。不管好人在做什么，坏人随时都在设法加以破坏，两者永远在竞赛。

## 一大堆的学术会议

麦当劳老先生要开会，唉哟唉哟！这里一个会，那里一个会，哪里都有会。

在学术界工作的一个好处是：经常到风光明媚的地方开会。夏天到佛罗伦萨（Florence），冬天到海德拉巴（Hyderabad）（但夏天最好不要去），春天到斯坦福（Stanford），秋天到大田（Daejon）。通常都由大型企业安排提供豪华的会议中心。

学术会议和会议中心不只是好看而已，实际上真正的工作也在那里完成。参加会议的经费有些是从政府机构或是基金会而来，有些是从联合国或北大西洋公约组织而来，有些是从私人企业而来。不管经费来源何方，资助者都眼睁睁地盯着结果——正面、实质性的结果，例如书籍、研究报告、新发明、器材设备、重大的突破性想法等。当然，对论文的渴求必能使这学术会议增光，而且很快会受益于期待中的突破，同时那些乐观的会议摘要会掩盖其缺陷。然而，人文、哲学方面的学术会议就不一样，他们着重于讨论预期的科技突破会带给人们什么样的危险。

这两个不同阵营都曾邀我去参加会议。一方期待未来的科技能解放我们，另一方则担心未来的科技会让人类退化，进而奴役我们。我的做法是跟双方都唱反调。科技不会带来自由，它也不能解决人类所有的问题。进一步说，解决了现有的所有问题，就会有新问题冒出来。科技不会奴役我们，至少不会比目前更严重。一旦我们习惯了，科技产品的日常要求就不会觉得像奴役，相反，是想改进。现在大多数人一天能梳洗数次，经常洗澡，每天更换衣服，这在以前根本做不到。这能叫作奴役吗？我们使用复合材料制作的烹调用具来准备餐食，在电磁炉或煤气炉上加热食品，而这些电和煤气经由遥远的地方通过复杂的电网和管道输送到家里。这是奴役吗？我不觉得。

虽然新技术给我们带来一些意料中的好处，但它们也会让人迷糊、困惑、挫折和不安。新科技被推广应用之后，经常带给我们一些连设计者和研发者都从来没有想到的好处，同样也带给我们从来没有想到的问题和困难。

很多人主张新科技进入我们的生活之前，应该先对它的优点和缺点有充分了解，仔细加以权衡。这说法听来不错，可是几乎不可能。无论是好是坏，科技带来的无法预料的后果都可能超出可预测的范围。既然不能预测，我们如何能事先有所准备？

想知道未来会怎样？请留意那些学术会议。未来科技的发展，在全球研究实验室会有早期预告，然后通过各个研究机构，在科学杂志中、学术会议上和研究中心发表。一个新想法从概念到商品化的过程，一般要经过很长的时间，甚至数十年。在此期间，类似方向的研究人员也会长期持续地交换意见。与此同时，产业界就开始致力于将一个新想法推向商业化，此时这个新科技就躲在公司的研发中心，密不示人，被小心看护，以免机密外泄。

然而，在这密室之外，有很多以不同名目组织的公开的学术会议：辅助、聪明和智慧型；无所不在，隐藏的，或者还在孕育中的电脑；环境科技希望能紧密融入生活，可是人的生活也需要改变才能使科技与人紧密结合。下面是两个学术会议说明的引文，也许可以从中看出方向。

### "智能助理的互动挑战"

美国加州史丹佛大学（stanford University. CA，USA）

随着科技的日新月异，新一波的智慧型人工助理有可能在个人和专业方面简化并丰富我们的日常生活。这些助理能帮我们做一些琐事，包括从购买食品到准备开会；其幕后工作包括为我们提醒日程，关注我们的健康；还能帮助我们完成一些复杂的、弹性的任务，比如写一份报告，在倒塌的建筑物中寻找生还者。

有些助理能提供监护和建议。不管是实体的机器人或是电脑软件程序，这些助理能帮助我们在家里、办公室、汽车和公共场所管理时间、经费、知识和工作流程。

### "人工智能（AI）的国际会议"

*印度海德拉巴，一月*

　　运用人脑计算特性的人工智能，是下一代有关于人类的，根据人的模式为人类而建立的先进界面，它应超越传统的键盘和鼠标，包含自然的、像人类一样的互动功能，比如了解和模仿行为以及社会交往中的示意信号。

"像人一样的互动功能"这几个字道出了遮遮掩掩的、神秘的非生物机器要做我们的工作。社会性的辅助机器人将教导和保护我们的孩子，与他们一起娱乐，也会娱乐和保护我们的老年人（想来他们也不再需要教育了），确保他们按时吃药，不做危险的活动，万一跌倒，辅助机器人能够帮助他们站起来，或至少能够帮忙求救。

　　是的，随着智能设备的发展，它们能够知道我们在想什么，满足我们的所有愿望（甚至在我们自己意识到之前），能照顾小孩、老人、病人和我们其他一部分人，这是一种新兴工业。跟你聊天的机器人，为你煮饭的机器人等各种各样的机器人。这种"智慧屋"（smart home）的研究项目在世界各地如雨后春笋般出现。

　　现实其实与梦想还有很大的距离。虽然人工智能的角色在电子游戏的世界里随处可见，但对日常生活还没有实质的帮助。不过，自动吸尘器背后的科技可以无限拓展，用到所有那些只要求在一定范围内完成得足够彻底的工作，像清洗游泳池、清扫院子里的落叶或是割草。事实上，人工智能设备的确能够与现实世界，与其他智能设备顺利互动。只有当它们与人真正互动时，才会出现困难。

　　智能设备在任务清楚、环境受控的状况下功能优异，比如说洗衣服。智能设备在工业上也非常有效，不仅因为清清楚楚地界定了任务范围，而且操作和监管这些机器人的人员受过良好的训练，他们花费数小时学习机器的工作原理，再经过长时间的模拟操作练习，就了解掌握了可能会发生的故障并知道如何加以处置。然而，智能设备在工业生产中的环境与居家环境之间差异太大了。首先，工业和居家环境所使用的技术很可能不一样，工业上在自动化上面可以投资千百万美元，普通家庭也许只愿花个几十或几百美元。其次，在工业环境中，操作人员都受过充分培训，而普通家庭用户或汽车的驾驶者相对缺乏足够的培训。第三，在很多工业环境中，当发生问题时，有足够的时间来避免更大的损害。在开车时，反应时间则是以秒计算的。

在汽车、飞机和轮船的控制操作方面，智能装置已经大有进步。在执行特定的工作中，它们起到很好的作用。在电脑世界里，只需要一点智能，在显示器上呈现出影像，不需要真实物体的形体，智能设备就能展现出良好的表现。它们也成功地应用在游戏和娱乐领域，比如操控洋娃娃、机器宠物和电子游戏里面的角色。在这些情境里，偶尔的误会或差错也无伤大雅，反而能增加趣味。在娱乐世界里，一个精心处理的失败可能比成功更令人满足。

一些应用统计推论的工具正在日益普及并获得成功，如在线商店搜集品味及背景类似的顾客的爱好，推荐书籍、电影、音乐或厨房用具给他们，这种系统运作得相当好。

尽管有那么多的学术会议和世界上无数科学家的坚定信心，要制造与人真正合作互动的有用产品仍然超出我们的能力范围。为什么？原因太多了。有些是具体实际的因素：我们的能力还远不能制造出能上下楼梯、在自然环境走动以及抓取并控制真正自然物品的机器或机器人。其他的一些因素是缺乏必要的知识：了解人类行为的科学虽然进步很快，但我们不知道的还是远超过我们知道的，我们能够创造的自然互动仍然十分有限。

## 自动驾驶的汽车、自动清洁的房子、投你所好的娱乐系统

下一步会怎么发展？很明显，我们正突飞猛进：自动驾驶的汽车；根据衣料和颜色自动设置洗涤方式的洗衣机；整合你的健康记录及冰箱信息，帮你选择该吃的食品，然后混合、搅拌、加热，做好一顿完美大餐的厨房设备；娱乐系统会为你选择你喜欢的音乐，并事前录制它们认为你喜欢的电视节目和电影，所需费用也会自动地从你的银行账户扣除；房子会主动调节室温、浇灌草地；自动清洁机器人会扫地、吸尘、拖地；割草机会除草。这些产品很多已经面世了，还有大部分不久就会面世。

在影响我们日常生活的自动化设备里，最先进的首先使用在汽车中。虽然私家车完全自动化的水平在未来仍然有待提高，我们仍然可以看看目前做到了什么程度。有人估计汽车要完全自动化还需二十到五十年，不管你何时看到这本书，这个估计恐怕都比较靠谱。在一些特定的场合中，汽车已经能够自动驾驶了。

我们应如何进行有意义的自动化，让汽车控制某些驾驶过程的同时又能让驾驶者随时保持警觉和了解路况？"随时通报"（in the loop）是航空安全术语。当驾驶者要转换车道时，如何提醒他旁边车道有没有车，或者路上有没有障碍物，或者正好有辆车从十字路口开过来？

当两部车在十字路口就要相撞，汽车认为最好加速离开危险区域以避免相撞，而驾驶者却认为最好是立即刹车？汽车要不要不顾驾驶者在踩刹车时仍然加速前进？当邻近车道有其他车辆时，汽车是否应阻止驾驶者变换车道？汽车是否应阻止驾驶者超速，或低于最低限速，或过于靠近前车？如今，汽车设计师和工程师面临所有这些问题，而且越来越多。在大多数此种场合下，询问驾驶者如何操作，或仅提供驾驶者有关信息都几乎不可能：因为时间太仓促。

现在，汽车几乎可以自动行驶。以主动式巡航系统为例，它能根据与前车距离来调整行车速度。再加上车道稳定系统和自动道路付费系统，车子就能遵循道路标志自动行驶，相关费用由驾驶者的银行帐户扣除。目前车道稳定系统还不是很可靠，我在第一章中也讨论过一些主动式巡航系统的问题。但这些系统的可靠性一定会改进，成本也会大幅降低，有朝一日能安装在所有车型上。有一天，当汽车之间开始互相沟通（一部分已经在试验阶段），安全性也会大大增加。科技不一定最佳才会增进安全性，人类驾驶者也没有那么完美。

将这些系统都一起装到车子里，糟了，我们这是在训练驾驶者三心二意。他们的汽车能自己在公路上行驶几个小时，而几乎不需要与驾驶者互动，驾驶者甚至可以睡觉。这种事已经在航空方面发生过：飞机的自动驾驶非常好，机组人员确实会睡觉。我有一位物理学家朋友在海军研究中心做事，曾经告诉我一个故事，有一次他在为海军做实验的飞机上，飞机在海上飞了好几个小时。当测试做完了，他们小组呼叫驾驶舱的机组成员，可是没人应答，于是他们就直接去驾驶舱，发现机组人员都沉入梦乡。

飞机的驾驶员不应该在飞行时睡觉，不过，由于自动飞行系统具有良好的效能，尤其在不拥挤的飞行区域、天气良好而且燃油充足的状况下，通常比较安全。不过开车就不一样了，研究发现，如果驾驶者的眼睛不注意路面，超过两秒以上，肇事的概率就急剧增加。驾驶者不一定要睡觉，只要两秒钟不看路或低头调整收音机，就足够酿成车祸。

工程心理学家和人为因素工程师（human factors engineers）经常研究的范畴里有一个出名的、深入研究的现象被称为"过度自动化"（overautomation），即设备太好了，以至于使用者不需要太注意。理论上，操作者应当始终监控自动化机器的运作，当出了问题时，随时准备介入。但是当自动化机器运转得太好时，操作者就不容易做到这一点。在一些生产制造或流程控制的工厂，连续几天都不需要操作人员参与。结果，他们很难持续保持注意力。

## 成群结队的车子

雁行有序，蜂拥而出，鱼贯而入，观看起来非常有趣。它们阵形整齐，或急速俯冲，或扶摇直上，分散队伍以避免障碍，在另一边又迅速合拢。它们的动作极其精准，全都严格地跟随领队，行动起来协调一致，彼此贴近，迅疾但不相撞。

除了没有明确的头领，就像鸟群、鱼群以及狂怒惊恐的牛群等动物成群移动的行为，每一只动物都能遵从非常简单的行为法则。即每一只动物避免在前行道路上与其他动物或外物互撞，彼此之间又尽量靠近——当然，不能接触，而是保持与同伴以同样的方向快速移动。成群结队的动物之间的通讯只限于感觉到的信息：视觉、听觉、压力波动（如鱼类的侧线感应器）和嗅觉（如蚂蚁）。

人工系统可以用来沟通更多信息。设想，有一群汽车在高速公路上行驶，使用无线通讯网络互相沟通。实际上这些车子也能像蜜蜂一样蜂拥前进。生物的自然成群行为是一种反射行为：成员之间对彼此的行为做出反应。然而，人为的组群可以预测方向，像一群汽车，因为车子之间能够沟通预定计划，甚至在发生事情之前，其他车就能预先做出反应。

想象一群汽车，每一辆车都完全自动驾驶，与附近的车辆彼此都能随时互通信息。这群车在公路上高速安全地行驶，它们之间也无须保持很远的距离——1米左右就够了。如果前方车辆打算慢下来或需要刹车，只需事前通知其他的车子，然后在毫秒之间，所有的车子都会同时慢下来或刹车。反之，由人驾驶的汽车，车子之间必须保持相当远的安全距离，以便驾驶者有足够的时间反应和处置，而对于自动化的车群，只需要几毫秒的时间就能做出反应。

如果汽车能成群行驶，我们就不再需要规划交通车道。毕竟，设置这些交通设施的目的是避免撞车，而成群的车辆不会相撞，所以无须车道。不仅如此，我们也不需要其他交通标志和交通信号。在交叉路口，车群只需要遵循交通法规，不与交会的车子相撞即可。每辆车子会自行调整其速度和位置，或快或慢，交汇的车流将巧妙地交错行驶而不会相撞。

那么行人呢？理论上，避免车子互撞的规则也能用在这里。行人只要直接穿过街道，蜂拥成群的车辆会自动减速、转弯，始终留下足够的空间以避免撞上行人。这听起来是个相当可怕的体验，需要行人有毫无保留的信任，但理论上可以做到。

如果有一辆车子要离开车流，或是与群里其他车子的目的地不同，那该怎么办？司机应该告诉车子他的意愿，然后他的车子必须与其他车辆沟通。或者司机用转向灯向车子表示他希望变道，然后汽车将通知附近所有车辆。要切换到右侧车道时，前方已经在右侧车道行驶的汽车只需要稍微加速，而后面的车子需要稍微减速，就能够腾出足够的空间让汽车安全变道。轻踩刹车就能示意车子要慢下来，或停下来，而且附近的车子也会让开道路。

甚至不同群的汽车之间也能互相沟通，交换信息。故而往一个方向的车群可以给反向车群分享信息，告诉它们将面临的路况等有用信息。另一方面，如果某个路段的车流密集到一定程度，车群里的前方车辆会把相关的信息传达给后面的车子，告知它们有关车祸、塞车或其他相关的交通状况。

上述车群概念仍然还在试验阶段。将群体行为的模式应用于真实的汽车，仍然有相当大的挑战。挑战之一，在并非所有车辆都装上用于合群的无线通讯设备之前，这种模式还能不能适用。另一个挑战是如何辨识路上各式各样的车辆，有些装备了最新的全自动控制和无线通讯设备，有些则设备老旧，有些则根本没有装备这些设备。车子是否有能力在一群车辆里辨认出哪些车的能力有限，然后所有的车子都配合这些车子的行为？现在还没有人能回答这些问题。

此外还有更多的问题。设想有个危害社会的司机驾车冲进塞满道路的车流，如果这辆车想以极快的速度行驶，只需加速穿越车流，相信其他的车子会自动让路。对于一辆害群之马，这么做还可行，可如果其他车辆同时也效仿这种危险行为，便会造成灾难。

再说，并非所有的车子都具备相同的能力。当有些车子还被人为控制时，我们得考虑司机实际的驾驶行为，因为这跟每个司机的驾驶技术、注意力、头脑是否清楚、是否分心等整体状况相关。重型卡车比轿车反应慢，需要较长的制动距离。不同的轿车在刹车、加速和转弯性能方面的差别也很大。

虽然车群的观念有这么多缺点，但也有很多好处。因为成群的车辆之间贴得很近，车距短，在一条高速公路上就可以容纳更多的车辆，可以大大减缓交通压力。再说，一般而言，公路上车辆越多，车速则会因此而降低，成群的车辆要达到非常高的密度时，才会有这个问题。另外，在一起靠近行驶的车辆，空气阻力比较小（这也是自行车比赛时运动员挤在一起的原因："尾随"行为可以减少风阻）。尽管有这些优点，车群的实现仍有待时日。

如果是列队的车辆，情况又不一样。一列车辆是一群车辆的简化，以单一方向运作，后面的车只需要跟随前车，准确追随其车速。如果一列车辆排成整齐的一字队形行驶，只有最前面一辆车需要驾驶者，其他的就紧接在后。之前提到一些车群的好处也可应用于此：增加交通流量，减少风阻。这个概念已经部分在公路上实验过，证实在特定的公路上会大大增加交通流量。就像车群概念的缺点一样，车队方式也面临挑战。如果有车辆进出车队，而且车队里包含不同类别的车辆时，或者部分车辆安装了自动无线通讯系统而部分车辆没有配备。当然，无论车群还是车队，如果驾驶者只想自私地利用其为自己让路，或仅仅想制造车祸，就会适得其愿。

车群和车队的构想，只是现代汽车实现交通自动化构想的一小部分例子。事实上，车队的构想在车辆已备有某种类型的主动式巡航系统的情况下，很容易就可以做到。毕竟，如果定速巡航系统能够适当降低速度，让另外一辆车插入前方，然后此车就可以自动调整车速追随前车，直到它的车速低于巡航系统的设定。当碰到严重的交通拥挤时，车与车之间的距离会贴近，车速增加，车间距会增大。对于完全自动的系统，车距可以缩小，当车速增加时，车间距也无须增加更多。只要系统中没有人为控制，交通车流就会很顺畅、很有效，当然这要靠系统作用良好，没有意外事件发生。

车队模式的有效运作，必须依赖完全自动化的刹车、方向盘和速度控制系统。而且，系统还需要具有高度的可靠性——就如所说的理想的可靠性，绝对没有问题。与车群模式的构想一样，车队模式的构想仍然难以在今日的交通状况下实施，因为有很多车子尚未符合组成车队的必要条件。我们如何将自动化和非自动化的汽车分开？驾驶者如何进入或离开一个车队？万一发生什么意外时该怎么办？

车群的构想在实验室中运作良好，可是难以想象它能用于公路上。车队的构想则可行性比较高。我可以想象公路上划出特定的专供车队使用的车道。在进入专用车道之前，车辆要先经过检查，确定无线通讯系统和其他的控制系统都正常运作。车队模式可以增加交通流量、减少塞车，同时节省燃料。听起来这是个不错的想法。当然啦，如何让车辆安全进入和离开车队，如何确保车辆配备了必要的设备，这些实施起来会相当复杂。

## 不适当自动化的问题

我曾经讨论过目前的半自动化系统根本就是不完善的，由于自动化的发展正好处于危险的中间状态，既不是完全自动化也不是纯人工操作。我认为：要么就完全自动化，要么不要自动化，但我们现在所使用的都是半自动化系统。更糟的是，当正常运转时，自动化系统发挥作用，当情况不妙时，系统没有事先警示就退出运作——这正好与我们的期望背道而驰。

如果一位飞机驾驶员或汽车司机清楚飞机或汽车的状况以及周围的环境，还有其他飞行物或汽车的位置和状况，而且，持续地了解并对这些状况做出反应，那么这个人是"操作系统回路"（control loop）中不可或缺的一环：感受并了解状况，决定并采取适当的行动，然后观察结果。当你每次开车时都小心翼翼，全神贯注，那你就是"融入系统中"（in the loop）。同样的道理，当你在做饭、清洗，甚至玩电子游戏时，只要持续不断地对情况做出判断，决定采取什么行动和衡量行动结果，那你就是在"融入系统中"。

和以上的观念非常类似的另一个观念称为"状况感知"（situation awareness）。它指一个人对周遭事物的背景和现在状况，以及下一步可能发生状况的了解与认知。理论上，在完全自动化的情况下，只要操作者充分地掌握状况，持续注意系统的动作并判断境况，在必要时介入操作，操作者仍然可以"融入系统"。然而，这种"被动式的观察"（passive observation）并不是很有趣，尤其像飞行员和驾驶者在数小时的长途驾驶中，需要长期保持这种状态。在实验心理学的领域里，我们通常以"警觉"（vigilance）来描述这种现象。对警觉的理论和实验研究结果揭示人的警惕能力会依时间增加而减弱，人们确实很难长时间关注在单调乏味的工作上。

当人们"置身事外"时，他们不再受到影响。万一系统发生问题，需要立即应对时，置身事外的操作者不能提供有效的处理。而让他们重新"融入系统中"，则要花相当多的时间和努力才能做到，到时候恐怕为时已晚。

自动化设备的第二个问题是对自动化的过分依赖，即使这时自动化设备已经出问题了。英国布鲁内尔大学（Brunel University）的两位心理学家内维尔·史坦顿（N. Stanton）和马克·杨恩（M. Young），用汽车驾驶模拟舱（automobile simulator）研究使用自动式巡航系统的驾驶者。他们发现，当自动巡航系统工作正常时，一切都好，可是当系统发生故障时，使用巡航系统的驾驶者会比那些没有使用此高科技的驾驶者更容易发生车祸。这种发现有共性：安全设备在没有失效时的确能够增进安全。当使用者逐渐地依赖自动化设备之后，不仅"置身事外"，而且容易过于信任自动化设备。万一自动化设备出了故障，操作者已经很难应对问题，如果他们根本没有使用自动化操作，情况反而更好一些。在每个研究领域都发现了这种现象，比如飞机驾驶员、火车司机、汽车司机等。

有一种倾向是一味地遵循自动化设备所提供的操作指南，这造成一些稀奇古怪的结果。英格兰威特夏（Wiltshire）的居民发现了一个很赚钱的行业：从阿旺河（Avon）里拖出落水的汽车。原来很多汽车司机按照他们的导航系统的指示，把车子开进了阿旺河。尽管基于常识，他们也应当知道自己即将驶入阿旺河。同样的，即使很有经验的飞行员，有时也太过相信自动导航系统。皇家号邮轮（Royal Majesty）搁浅，也是由于船员过于相信他们的智能导航系统。

所有的汽车制造商对这个问题都很重视。在这个大家乐于打官司的时代，他们除了处理实际的安全问题，就是深恐任何微小的事件可能引起大宗的诉讼。所以，他们如何应对？小心，再小心。

在拥挤的高速公路上开车是很危险的事，全世界每年约有 120 万以上的人死于车祸，五千多万人受伤。这的确是因为我们依赖汽车这一机器所必须正视的危险。一方面，汽车给地球上的人类带来帮助和价值，但另一方面同时也带来伤亡。

当然，我们可以更好地培训汽车驾驶员，但部分问题由于开车本身就是件很危险的事。当发生状况时，瞬间内很难做出反应。而且，每个驾驶员的注意力都随时在变化——这是人类的自然状态。即使在最好的状态下，开车也是个危险的活动。

如果一个系统未能完全自动化，那么，我们要对已经自动化的部分格外小心，有时候不需要干涉，有时候比真正需要参与的还要求人们投入更多，以便司机通晓境况，保持注意力。完全由人工操作的汽车很危险，完全自动化的汽车反而更安全。困难在于完全自动化之前的过渡期：当只有一部分功能可以自动化，并且不同的车子具有不同的功能，甚至已经安装的自动化设备也有其限制。虽然部分驾驶自动化的汽车会降低发生车祸的几率，可是我担心实际发生的意外事故会成倍地增加，牵连到更多的汽车，带来更多的伤亡，必须要小心处理人和机器之间的关系。

## 第五章

# 自动化扮演的角色

为什么我们需要自动化？很多科技专家举出三个主要理由：让机器做枯燥无味、危险和肮脏的工作。这个答案没什么好辩论的，不过也有其他很多自动化的理由，比如简化复杂的工作，减少劳动力以及提供娱乐——或仅仅为了自动化而自动化。

即使成功的自动化往往也得付出代价，因为在一系列工作自动化的过程中，不可避免地会产生新的问题。自动化通常能成功完成要做的事，但是也增加了维修的需求。有些自动化只是用非技术性的看守代替了技术性的操作者。一般而言，任何一项工作自动化后，影响深远，甚至实施自动化会成为一个系统问题，要改变工作方式，工作内容重组，工作负荷的分配从一群人转换到另外一群人，而且，很多情况下取消了一些功能，但在别的地方又增加了新的功能。对有些人而言，自动化对工作是有帮助的；对另一些人而言，自动化则是一场灾难，会让他们不得不更换工作，甚至失业。

即使简单工作的自动化都会对人们的生活带来影响。以煮咖啡这件日常事务为例：我有一部自动咖啡机，只要摁下一个按钮，就能自动把水加温，研磨咖啡豆，烹煮咖啡，并且丢掉咖啡渣。以前每天早晨煮咖啡有点乏味，现在更麻烦，我必须维护这机器。要加水、加咖啡豆，机器内部需要定期打开清洗，与液体接触到的部分都得清除残留的咖啡粉和钙化物（然后又得冲洗机器，以便除去用来去钙的清洁剂）。为什么本来不是很麻烦的事，为了简化，反而带来那么多的麻烦？这件事的答案就是，自动化让我将注意力转移了：也就是说，我将不方便的时候需要做的事情——如刚醒来，还没清醒，急匆匆地赶时间——可以推迟去做，这样我就能安排方便的时候去完成。

越来越多的工作或活动都逐渐自动化，加上机器的智慧和自主性越来越强，自动化倾向好像不可阻挡。然而，自动化并非无法避免。况且，也没有理由说自动化一定会带给我们那么多的缺点和问题。我们应该能够开发出真正可以减少枯燥乏味、危险、肮脏的工作的技术，同时又不带来大量的负面作用。

## 智慧型物品

### 智慧型住宅

科罗拉多州的博德市（Boulder）已是深夜，麦克·莫扎（Mike Mozer）正坐在起居室看书。没多久，他就开始打哈欠、伸懒腰，然后站起来，踱回自己的卧室。房子，一直在注意他的一举一动，此时判断他要去睡觉，所以就关掉起居室的灯光，同时打开过道、主卧房和卧房内浴室的灯光，并调低室温。事实上，这是房子的电脑系统在持续监控莫扎的行为举动，并根据对莫扎行为的预测调节灯光、室温和屋里的其他状况。这不是寻常的电脑程序，它模仿人类大脑里面的脑神经细胞的形态辨识（pattern recognition）和学习的能力，叫作"神经网络"（neural network）。这套系统不但能够辨认出莫扎的行为特征，也能在大部分情况下合理预测他的行为。神经网络是一种很强大的形态辨识器，由于它能够检视莫扎的行动次序以及当日里活动发生的时间，所以可以预测他接下来的行动和时间。因此，当莫扎离开家出门工作时，系统就会把暖气和热水器关掉，以便节省能源。当系统预期他即将回家时，就会将那些设备再次打开，好让他回来时能进入一个舒适的家。

这个房子聪明吗？智能吗？设计这套自动系统的设计师——麦克·莫扎并不以为然：他称这是一个"适应性"（adaptive）系统。让我们看看莫扎的体验，以便进一步了解"智能"是什么意思。他的房子装有多达七十五个感应器，随时测量每一个房间的室温、光线、音量，门和窗户的位置，屋外的气候状况和日照量，还有屋内居住者的所有活动情形。电磁开关

（actuator）控制室温、热水器、灯光和通风装置。这套系统使用了 8km 以上的线路。神经网络电脑软件可以自主学习，因此这栋房子会不断根据莫扎的行为偏好进行调整。如果系统的设定并不合适，那么莫扎会修正设定，系统也就会改变它的模式。一个新闻记者描述他的所见所得如下：

> 莫扎演示浴室的灯，当他进入时，灯自动开启在最低亮度的状态。莫扎说："系统为了节省能源，选了它能设定的最低亮度和温度。如果我不满意它的选择，我就得表示不满。"为了表示他的不满，他敲打墙上的开关，让系统调亮灯光，并且表示对系统的"惩罚"。这样下一次他进入浴室时，系统就会选用比较高的亮度。

这栋房子在适应它的主人，主人也在培训这栋房子。有时候莫扎在大学办公室忙到深夜，他仍然需要回家，因为他的房子正在期待他的归来，尽职尽责地打开空调和热水器，将一切都准备好。这引发一个有趣的问题：为何他不打个电话给自己的房子，告诉它会晚一点回家？同样，有次他试图找出并修理一些硬件故障，导致系统觉察出有人在浴室停留太久。"自硬件的问题修复以后很长时间，"莫扎说，"我们让广播音讯（broadcast message）继续保留在系统内，因为它提供给居住者有用的信息，他们在哪里花了多少时间。"好了，如果家人在浴室里停留太久，房子会警告他们吗？看来这房子真是唠叨！

这是一幢智能的房子吗？请看莫扎本人对受到限制的控制系统智能程度有更多评价：

> 适应性房子的个案激发了很多头脑风暴，即思考如何将这个案例延伸到其他方面，但大多数的思考完全定错了方向。其中一个经常被提到的想法是控制屋内的娱乐系统：如音响、电视、收音机等。在家里，视听系统的问题是居住者对节目的选择与心境有关，而外界环境

很少能直接提供有用的线索，即使用机器的影像辨识系统鲜能测出人的心境。结果必是系统经常误判人的心境，更多地惹恼住户而不是帮助他们。当住户寻找视听娱乐节目时，心里通常很清楚自己要什么样的娱乐项目。所以，如果机器选择的项目与住户寻求的内容不同，会加倍放大人们心头的不悦。可以这样说，相比家里室温的调节，这种不悦感更加严重，因为住户只有逐渐觉察到不适，才会意识到室温有问题。对视听系统而言，如果住户知道自己要的是什么，只需简单地摁一个按钮，就能达到目的，又几乎不会发生错误。而当你正面对一个难题一筹莫展时，音响却咆哮起来，因此，衡量成本与收益的得失，视听系统还是要依赖人工控制。

假如房子能够知道住户的心境该有多好。就是因为它们不能知悉主人的心境，或是用科学家惯用的说法，它们不能推断人的意向，才使得这些系统在应用中受挫。这个问题远超过缺乏"共识"的困难。任何人如果有和别人同住的经验，都可以了解这困难。人与人之间虽然有很多可以分享的知识和活动，但要确切地知道一个人的意向，还是很不容易的。理论上，神奇的英国管家可以预期主人的需要和愿望——尽管我的这个看法来自小说和电影之中，并不算多么可靠的知识来源，即使如此，很多英国管家成功地这样做，主要是因为他们的主人生活很有规律，遵循着一定的社交规范，所以预先计划的日程决定了应该做的事情。

当然，自动化系统在决定是否要做某事时可能正确，也可能错误。出错的状况可分为两种：错失（misses）和假警报（false alarms）。错失代表系统没有觉察到发生的状况，因此没有执行该做的事。假警报意指系统在不当的时候采取了行动。以火警自动侦测系统为例，错失就是在火灾发生时没有发出警报；假警报则是在没有火灾时发出了警报。这两种错误各有其不同的代价。

火灾发生时没有觉察出来会带来严重后果，同时，误判火灾发生也会产生问题。如果火警侦测器的功能只是发出警报，那么误判火灾发生最多只是一件令人讨厌的事，不过也会让人对火警系统失去信心。可是，如果火警系统会触发喷淋系统，并且通知消防队呢？在这种情况下，就会损失惨重，特别是当水损毁了贵重物品。如果智慧型住宅误判了家中成员的意愿，错失和假警报状况通常引起的损失并不大。举例来说：如果房子误以为住户想听音乐，音响系统突然打开，这对人而言只是恼怒，但不会发生危险。如果全家人在出外旅行期间，系统还是每天早上照样把暖气打开，也不会造成严重后果。可是，在汽车上，如果驾驶者依赖汽车自动与前车子保持安全距离并减速的话，错失就可能会引起生命危险。假警报也存在同样的问题，如果车子误判驾驶者想要离开车道，就自动改变车子的路线方向，或者，误判前方有障碍而自动刹车的话，万一附近的车子被突然的改变惊吓到而不能及时做出适当反应，后果将不堪设想。

无论发生假警报是否会造成危险，或者仅仅令人讨厌，它们都会降低人们对系统的信赖。经过几次假警报后，人们就会忽视警告系统。有一天真正发生了火灾，人们会误以为这"又是一次假警报"而不加理睬。建立信赖需要时间，基于经验和彼此间持续可靠的互动。

莫扎是一位科学家，设计了"莫扎之家"，所以对系统出现的问题也会比较宽容。由于他是一位研究型学者，也是神经网络专家，他的家就成了他的实验室。那是个了不起的实验，去参观一下应该会很有趣，但我认为自己不会打算住在那里。

让人聪明的家

与完全自动化住宅（即那些试图自动完成任务的房子）形成强烈对比的是，英国微软剑桥研究院（Microsoft Research Cambridge）的一组科学家所设计的住宅，它里面的家居设备可以增强居住者的智慧。想想要协调一家人的活动——例如，一家四口，两个正在工作的大人加上两个十几岁的孩子——这可不是个简单的问题。科技专家处理日程时间表的传统方法是利用智能日程表。例如，房屋的智能系统可以统筹每一个家庭成员的日程表，然后决定用餐时间以及谁需要接送谁去参加活动。设想一下，你的房子随时与你进行联络——以电子邮件、即时通讯软件、文字短信甚至电话等方式，提醒你约会时间、何时回家晚餐、何时载家人回家，或何时在回家路上顺便去市场购物。

很快，在你觉察之前，你的房子会拓展它的服务范围，向你推荐它认为你可能会喜欢的文章或电视节目。你会喜爱这种生活吗？很多研究者好像同意这种方式。世界各地的大学研究机构和工业研究实验室在研发智慧型住宅时，就是朝着这个方向。这个方向非常有效，很现代，也最没有人情味。

微软剑桥研究院的研究团队从这样一个前提出发：是人而不是科技让房子更加聪明。他们决定让每一个家庭有独特的满足需求的方法，而不是将任何解决方案都自动化。这个研究团队花时间进行"人类研究"（ethnography research），观察房屋的居住者以及他们的真正的日常行为活动。研究的目的以不侵犯居住者、不改变任何发生的事为前提，保持低调，不引人注目，仅仅是观察和记录人们如何进行日常的活动。

关于研究方式，你也许会说：一群科学家带着录音机、照相机和摄像机在你家里出现，怎么可能不侵犯到居住者的生活？事实上，一般家庭对这些有经验的研究者都能适应，照样过他们自己的生活，包括家庭成员偶尔的吵嘴与不和。这种"应用型人类研究"，或称之为"快速人类学"，与人类学家花多年的时间到一个地方仔细观察研究一群人的行为并不一样。当应用科学家、工程师和设计师为了提供协助而研究现代家庭成员的文化，他们的首要目标是要了解人在家里会遇到什么困难，然后决定在哪些方面提供帮助。为了达到这个目的，设计师会往大处着想：主要的挫折和烦恼是什么？有什么简单的解决办法可以得到最大的正面效果？这种方法相当奏效。

家庭成员之间通过各种各样的方式彼此交流。他们写下短信或便条，放在自己认为会被看到的地方——桌子上、椅子上、电脑键盘上，或贴在电脑的显示器上、楼梯上、床上或门上。由于厨房成了许多家庭成员主要的活动中心，最常见到的便条粘贴之处就是冰箱。很多冰箱是铁质外壳，磁铁便可以派上用场。以前发现磁铁现象的人，如果看到今日磁铁在家里的应用，一定会大吃一惊：磁铁用来固定便条、通知单、小孩子的画、照片等，贴满了冰箱的前门和侧面。这促生出一个小小的新行业，专门生产可用于冰箱前门和侧面的磁铁、夹子、白板、相框和笔等。

高档冰箱经常使用不锈钢做外壳，或者门上覆盖了一层木制饰板，结果破坏了磁铁的预设用途：不能像以前一样吸在冰箱上。我第一次碰到这个时，首先会感到不悦：冰箱门装上木板的意外后果是我们从此失去了家庭联络中心。虽然，便利贴可以用，但在这种场合不太好看。幸好，一些有商业头脑的商人很快推出了消息看板（bulletin board），框得好好的，可以钉在厨房墙上，有些表面使用铁质，给磁铁提供了一个新家。

从图5.1中你可以清楚地看到，非常受人欢迎的冰箱产生了一个问题。太多的消息、照片和剪报，使人难以看出哪些是最近贴上去的。而且，冰箱也不是收发通知最合适的地方。微软研究人员发展出一系列的"增强型"告示设备，包括一系列的"备忘磁铁"（reminding magnets）。有些磁铁在被移动后一段时间内会发出微光，用来提醒人们注意它下面的字条是最近加上去的。另外有些磁铁上面印有星期几的字样，当那天到来时，磁铁会发出微光，提醒人们当天的事项而不会令人讨厌。所以，"星期三早晨倒垃圾"的字条可以放在"星期二"的磁铁下面，提醒家人和自己星期二晚上就得把垃圾拿到屋外（译注：美国居民一般在垃圾日的前一晚把垃

图 5.1　冰箱和英国微软剑桥研究院研发出来的"备忘磁铁"

上图是典型的用冰箱门作为消息看板，当字条太多时，就很难看出哪些是相关的信息。下图展示的是智能磁铁：把与星期三有关的字条放在"星期三"的磁铁下，当这天到来时，磁铁会发出微光，提醒用户但不令人讨厌。

（感谢微软剑桥研究院社会－数位化系统组提供的照片）

圾桶拿到屋外路旁，等待第二天早上垃圾车前来收垃圾）。

　　移动蜂窝网络和互联网科技克服了冰箱位置固定的缺陷。图5.2A是微软发明的电子记事本（notepad），它可以放在厨房里冰箱附近的地方（就告示而言，或是屋内任何地方），上面的简讯也可以从任何地方经由电子邮件或手机短信传送过来。因此，这种电子式的消息看板可以用来显示某个家庭成员或任何一个人的短信。这些短信可以经由电子笔手写、电子邮件或手机短信传送（如"开会中……不必等我吃晚餐"）。图5.2B显示的是这个电子记事本在使用中的样子。家庭里的一个孩子——威尔，发了一个短信请家人来接他。因为他不知道家里谁方便接他，所以就把信息发到中央通讯看板让全家人看到，而不是传给某个特定的人。提姆用手写便条回复说："威尔在足球场，我会载他回家。"这样，其他家人就知道不用担心了。这个系统达到了它的目的，向使用者提供他们需要的工具，然后让他们自己决定什么时候、在什么状况下、如何利用这种帮助，这是更加聪明的方式。

　　其他试验性的智慧型住宅提供了不同的类似方法。设想你正在烤蛋糕时，电话响了。你接了电话，回来继续准备做蛋糕，可是你怎么记得刚刚做到哪里了？你记得将面粉加到碗里，可是不确定放了几杯。在乔治亚理工学院（Georgia Institute of Technology）的"明智之家"（Aware Home）里，其中"厨师拼贴"（Cooks Collage）就有备忘作用。碗碟架下方装了一个电视摄影机，拍摄烹饪的每一个步骤，显示已经完成的部分。当你在烹饪过程中被其他的事干扰时，显示器可以显示你先前做过的最后几个步骤，帮助你回忆刚刚做到哪里了。这个设计思路与微软的工作很相似，即增强性的科技应该是自愿的、友善的而且具有合作性质的。用或者不用，取决于你自己。

　　请注意微软剑桥研究院和乔治亚理工学院所设计的试验性设备与那些传统智慧型住宅的不同之处。所有研究者都努力使系统更加智能。例如微

图5.2　微软剑桥研究院的厨房显示器

A：这个显示器可以放在任何地方，图中显示在厨房。

B：家中的一个孩子——威尔，从他的手机发短信到全家的中央通讯看板，希望有人接他回家（可是没有说他在哪里）。另一个家庭成员——提姆，用电子笔在屏幕上手写回复，说他会去接威尔。其他家庭成员就知道了事情的进展。（感谢微软剑桥研究院社会－数位化系统组提供照片）

软剑桥研究院的设计可以让系统感测到谁在家中，然后据此改变显示内容，或者试着读取家人的日记和日程表，然后通知当事人他们有什么事情在什么时候要做，应该什么时候离家去赴约。实际上，这种思路很普遍，已经在智慧型住宅研究领域先入为主。同样的，乔治亚研究团队也可以设计一个聪明的人工智能助理来读取食谱，指导烹调者每一个步骤，甚至可以设计出一个系统能够从头到尾自动完成烤蛋糕的工作。然而，这两个实验团队并没有选择这条设计路线，他们希望系统能够自然、顺畅地融入人们的生活方式。这两个系统都依赖于强而有力的高科技，可是它们的设计原则是增强（augmentation），而非自动化（automation）。

### 智慧之物：自主或是增强？

以上智能住宅的案例显示出设计智慧型物品的两种不同研究方向。其中之一是：迈向智能自主，设计出能了解使用者意向的系统。另一个方向是：迈向智能增强，提供有用的工具，让人们自己决定在什么时候、什么地方使用这些工具。这两个系统各有它们的优点和问题。

增强性工具让人感到舒服，将从事活动的决定权交给使用者。因而我们可以使用或是不用，选择能帮助我们的功能，忽略那些没有益处的其他功能。而且，由于这些系统不是强制性的，不同的使用者可以做不同的选择，人们可以选择最适合他们生活方式的科技组合。

如果工作本身枯燥乏味、危险或不干净，那么把工作自动化就有帮助。有时候为了完成艰难的工作，不得不使用有益的自主性工具。譬如在大地震、火灾和爆炸之后，需要进入灾难现场的建筑废墟中，在危险境况下搜寻生还者。有时候，即使人可以做的工作，如果能有机器代替我们做也是很好的事。

然而，有些事仍然不能简单委以自动化机器。《纽约时报》（ *New*

*York Times*）的头条新闻说："自动化通常听起来很迷人……有时候，你还是需要真正的人手。"这篇文章报道了科罗拉多州丹佛市（Denver）机场未能及时修复行李自动搬运系统。报道如此声讨这套系统："这个系统马上出名了，由于它几乎将传送带上的所有行李挤坏，并且把它们送错位置。"在花费了数十年的努力和上千万美元的费用之后，机场认输了，决定拆除这个系统。

丹佛机场是一个自动化系统失败的例子，看上去虽然很简单，但在科技尚未成熟之前就贸然尝试显然不可行。旅客的行李形状各异，它们随意地落在行李传送带上，然后要把它们输送到很多不同的联航班机或其他的行李运送系统。每一件行李的目的地通过行李标签上的二维码来辨识，可是那些行李标签有的被折弯，有的被打褶甚至破碎，而且经常埋藏在行李的手把、捆扎带或其他行李下面。对今日的自动化系统而言，这个工作实在太复杂、有太多的未知数。

值得注意的是，就是这个机场，在航站楼之间运送乘客的自动电车系统却完全顺畅、高效。它与行李自动搬运系统的不同之处在于工作环境和工作性质，而不在于机器的智能程度。每件行李都千差万别，而机场自动电车系统的行驶路线都是事前决定，固定不变的。电车在轨道上运行，无须控制方向。它只要沿着轨道，决定何时开动，速度多快就行。简单的感应装置足以判断是否有乘客在车门口。如果状况稳定，工作内容很清楚，没有机械上的问题要注意，突发状况也很少发生，那么自动化确实可行。在这种状况下，自动化能平稳有效地运作，造福人类。

哈佛商学院（Harvard Business School）社会心理学家西奥山·儒博夫（Shoshana Zuboff）曾经分析过自动化对生产线的影响。结果发现自动化设备完全改变了工人的社会性结构。一方面，自动化使工人离开了生产作业的直接经验。在自动化以前，他们可以感触到机器、闻到机器的味道、听到机器的声音，所以经由这些感觉，他们可以感受到整个机器的运作状况。

现在，他们在空调室里，没有噪音，只能依赖仪表、控制器和其他显示器试着了解生产线机器的运作状况。尽管工厂自动化改变确实加速了生产流程，保证了产品的一致性，却也让工人从工作中抽离出来，他们通过多年工作经验得来的预测和改正问题的能力也付诸东流，无法让公司受益。

另一方面，电脑控制的设备让工人更加强大。过去，工人只得到关于生产线操作的有限知识以及他们的工作会如何影响整个公司的效益。现在，电脑帮助他们了解了完整的制造过程以及更大范围内他们的工作对公司的贡献。因此，直接的生产线操作经验加上自动化带给他们的全盘信息，工人有机会和中、高阶主管交流意见，表达自己的看法。儒博夫创造出"资讯化"（informate）这个词来描述日益增多的自动化让工人接收到更多的信息所造成的影响后果：工人被资讯化了。

### 设计的未来：有增强作用的智慧型物品

人有很多独特的能力，不能被机器复制，至少目前还做不到。现在，当我们为机器引入自动化和加上智能时，需要虚心，正视可能出现的问题，并了解失败的风险。我们也必须知道人的工作与机器的运作之间有很大差异。大体而言，这些反应灵敏的系统有价值、有帮助。可是由于人与机器之间互动的基本限制，它们可能无法良好运作。特别是第二章讨论过的人和机器之间缺乏"共同领域"的问题。

对于人类过于危险的环境下，使用自主的智能设备很有价值；相比人类生命的风险，即使设备偶尔发生故障也值得使用。同样，很多智能设备已经接手无聊、单调的例行工作，如维修基础建设、持续调整操作参数、确认操作状况等这些对人而言太过沉闷的工作。

增强性科技（augmentative technology）已经证实了它存在的价值。互联网上很多购物中心的导购系统也提供给我们有价值的建议。因为这些建议只是给我们参考，不会让人觉得受到侵扰。它们偶尔的成功推荐足够让我们感到满意。同样的，本章提到的现今试用于智慧型住宅的增强性科技提供了实用的帮助，以面对当前的日常问题。我要再次强调，它们的非强制性、增强性的做法让人产生好感。

显而易见，未来的设计依赖于智能设备的开发，为我们开车、备餐、监控我们的健康状况、清理地板、告诉我们吃什么、何时运动。虽然人与机器之间有很多不同的地方，只要将工作项目设定清楚，环境状况在合理的控制之中，而且人机之间的互动尽可能减少，如此一来，自主的智能系统自有其价值。我们面临的挑战是：如何在生活中增加更多的智能设备来帮忙做事，弥补人力之不足，增加我们的生活乐趣、便利和成就感，但不会增加我们的生活压力。

## 第六章

与机器沟通

热水壶的哨音和炉灶上煮菜的嘶嘶声，让我们回想起过去的时光，那时所有的物品都能看得很清楚，都会产生声音，让我们根据这些信息，形成操作这些物品的心智模式（mental model）和概念模式（conceptual model）。当无法按照原计划使用设备时，这些模式可以帮助我们找出问题的原因，知道下一步做什么，也允许我们试验各种状况。

机械式的物品比较容易一目了然。它们的活动部件都能看得见，能够观察或操作。这些物品产生的自然声音帮助我们了解机械状况，所以即使不看机器，只靠声音就能推断机械的运作状况。然而时至今日，很多像这样强有力的指标都看不见、听不到，藏在安静的电子零件里面，因此，很多设备都在静静地、高效地运转，除了偶尔听到硬盘驱动的"咔咔"声和风扇的声音，丝毫展现不出它们内部运作的状况。拜设计师所赐，我们才能得知一点设备内部的工作状况，了解设备正在进行的工作。

沟通、解释和理解，这是与聪明的共事者合作时的关键因素，不论是其他的人、动物或是机器。团队合作需要协调和沟通，再加上良好的预期，对事件发生或没有发生的原因就会有更好的了解。不管是人与人之间，技巧娴熟的骑手与马之间，还是驾驶者与汽车之间，或人与自动化设备之间的关系，这些原则同样需要。在生物界，沟通是生物遗传进化中与生俱来的部分，我们用肢体语言、姿态、脸部表情表达情绪状态。人类使用语言，而动物使用肢体语言、姿态和脸部表情。我们可以从宠物的肢体姿势，尾巴的位置和角度，耳朵竖立或下垂看出它们当时的情绪状态。有经验的骑手可以感觉出马是紧张还是放松的状态。

然而，机器是人工制造出来的，人们通常假设机器可以持续完美运作，而忽略了持续与机器沟通的重要性。如果机器完美运作时，人们难免会觉得为何有必要知道机器的运作状况。为什么？让我给你讲一个故事。

在加州圣荷西（San Jose）南边的优美山峦中，坐落着 IBM 艾曼登研究中心（Almaden Research Laboratories）。当时我正坐在这里的一个精美大厅里，聆听一场会议。演讲者是麻省理工学院电脑科学系的一位教授——让我在此称他为 M 教授，正在推广他新设计的电脑程序。简短介绍后，M 教授十分高兴地开始示范他的软件。首先，他在电脑上呈现出一个网页，然后，他要用鼠标和键盘玩一些魔术。经过了几次鼠标的点击和键盘上的敲敲打打之后，一个新的按钮出现在网页上。M 教授解释说："一般的使用者都可以在他们的网页中加上新的控制指令。"（他没有解释为什么人们要这样做。）接着，他胸有成竹地说："好，现在我给你们演示它如何使用。"他按下鼠标，等着下一步出现。我们等了又等，看了又看，但没有东西出现。

M 教授非常困惑。他应该重新启动电脑程序吗？还是重新启动电脑呢？听众里面不乏硅谷最优秀的科技专才，纷纷给出建议。IBM 的研究科学家们来来去去，匆忙检查电脑，甚至趴在地板上检查线路。时间一分一秒过去了，轻轻的笑声慢慢从听众席中传开。

M 教授一向对他研发的科技着迷，从未考虑过万一失败该如何是好。对他来讲，程序正常运行时，未想到要反馈进展状况的信息——或者比如现在的状况，万一程序运行不正常时应当提供一些问题的线索。后来，我们发现 M 教授的程序其实没有问题，运行得很好，但大家无从知晓。问题在于 IBM 公司的内部网络安全控制，不允许他从公司内部网络连接上外面的互联网。不管怎样，没有反馈信息，没有关于程序运行状态的提示，没有人能告诉他问题出在哪里。他的电脑程序缺少简单的反馈信息，用来显示按键已经被激活，程序正在逐步运行内部指令，而且已经开始尝试进行互联网搜索，正在等待搜寻结果。

没有这些信息回馈，使用者很难产生合适的概念模式。在众多的步骤中，任何一个步骤都可能出问题，但没有适当的信息反馈，就无法知道问题出在哪里。M 教授开发的程序违反了一项基本的设计规则，即持续提供系统的运作状况，但不要对用户造成干扰。

## 反馈

"我正在智利威纳得玛（Viña del Mar）的一个会议上，"一位同事在他的电子邮件中这样说，"这是一家崭新而且华丽的喜来登酒店，建在海岸边。看得出来，花了很多心思来设计，包括电梯。一排排的电梯两边排列着升降按钮，电梯门是玻璃的，开关门很轻柔，也没有声音提示电梯到达或离开。如果周围有噪音，你根本就听不到电梯在运行，除非你刚好站在正到达的电梯旁边，否则看不到电梯在动，也看不到哪个电梯门打开了。电梯到达时的唯一迹象是电梯升降的指示灯会熄灭——然而当你在电梯间的中央时，基本上看不到那个指示灯。第一天开会时，我错过了三趟来来去去的电梯。"

反馈能够提供正在发生的状况的关键信息，以及我们应该如何处理的线索。没有这些反馈信息的话，很多简单的操作，甚至像搭乘电梯这么简单的事，都会失败。适当的反馈，可以造就一个愉悦、成功的系统，否则可能是令人受挫和困扰的结局。如果像电梯这么简单的设备都不能提供适当的回馈，那么未来的完全自动化、自主运行的设施怎么办？

当我们与别人接触时，通常在心里建立了有关对方内在思想、信仰和情绪状态的心智模式，我们希望自己知道别人在想些什么。当我们遇到面无表情、沉默不语的人，交往起来会觉得很让人挫折。他们有没有在听？他们理解吗？同意还是不同意？这种沟通令人紧张而不愉快。没有反馈，不管是电梯、他人还是智能机器，我们都无法与之一起合作。

实际上，较之于人与人之间的反馈，人与机器之间的反馈可能更重要。我们需要知道机器正在做什么？感测到了什么？状态如何？将要采取什么行动？即使机器运作顺畅，我们仍需确定真实的状态。

反馈功能也要应用到日常用品中，比如家用电器。我们怎么知道家用电器运转正常？幸亏很多设备都会发出声音，如冰箱发出的低沉声音，洗碗机、洗衣机和烘衣机的声音，以及居室空调系统送风的声音等，都提供了有用的、确认的信息，传达出设备在开机状态并且正在运转。同样，家用电脑内有风扇，电脑硬盘在运转时会发出"咔咔"的声音，这些信息都能确定电脑的工作状态。请注意，所有这些声音都是自然产生的，是物理设备在工作状态下自然产生的附加产物，不是设计师或工程师人为加上的。而这些自然现象，也是它们提供有效回馈的原因：不同的运作状况通常产生的声音多少会有所不同，所以这些自然产生的声音不但能告诉我们机器是否在运转，而且常常透露机器在做什么，声音是否正常，或者可能出了问题。

在设计新系统时，有很好的理由去努力降低杂音，家里和办公室的背景噪音太高容易让人心烦。但是，如果把系统的声音完全消除的话，我们又不容易知道系统是否在运作。就像本节刚开始提到的电梯，声音是很有用的信息。安静固然好，然而完全无声就未必很好。

如果声音会干扰和惹人心烦，即使用来作为反馈信息，为何不用灯光呢？问题是如果只用灯光本身作为反馈手段，那就像我的家用电器不断冒出的哔哔声一样，毫无意义。因为系统运作时，内部产生的声音是自然的，然而外加的声音或是灯光是人为的，传达了设计师认为合适的人工信息。人为加上去的灯光一般只用来提示两种简单的状况：运转还是停止，正常或有问题，通电或是无电。除非参阅使用手册，否则没办法搞清楚该灯光代表的意义。灯光的含义不够丰富，没有细微差别，灯光或哔哔声也许是代表好的状态，也许代表糟糕的状态，需要使用者经常去猜想其意义。

每一件设备都有它自己的声音代码和灯光含义。一个电器上面显示的红色小灯也许表示电源已经接通，尽管电器仍然在关机状态。或者表示该电器已经开机，在正常运转中。还有，红灯也可能暗示机器出了问题，而绿灯表示运作正常。有些灯会频闪，有些灯会变换颜色。不同的设备可能用同样的信号来指示完全不同的状态。反馈如果不能准确地传达信息，就没有意义。

当出了问题时，或者我们为了特殊理由而更改常规操作，就需要依靠反馈信息来指示如何操作。然后，我们也需要反馈来确认我们的要求已经照办无误，而且需要一些提示来让我们知道接下来会发生什么事，系统会恢复正常的作业方式吗？还是会从此长期留在特殊模式里？所以，基于以下理由，反馈非常重要：

· 重复确认

· 进度报告和时间估算

· 学习

· 特殊状况

· 证实

· 引导期望

现在很多自动化设备都提供最低限度的反馈，但是大部分的反馈经由哔哔声、嘟嘟声、铃声和闪烁光来传达。这类回馈干扰多于沟通，即使起到了反馈的作用，最多也只提供部分信息。在很多商业性场合，如工厂、发电厂、医院手术室或是飞机驾驶舱等，万一出了事，很多不同的监控系统和各种仪器会发出警报。那些刺耳难听的声音让人心神不宁，有关人员先得浪费宝贵的时间把这些警报声音关掉，而后才能专心处理问题。

当我们的环境里有越来越多智能的、自主性的设备时，我们也越来越需要与它们进行双向的、互相支持的互动。人们需要资讯来帮助探明状况，引导他们做出反应，在这种场合，即使不需要采取行动，也要得到确认的信息。这种互动必须持续不断，而且大多数状况下都无侵犯性，稍加留意或不需要特别注意即可，只有在真正有必要时才要求人们关注。大部分的时候，尤其是系统运转良好时，人们只需保持关照，随时了解当前状况，而且预先知道可能会有什么状况发生。单靠哔哔声甚至是语音警告都是不够的。我们需要的反馈必须是有效的，全方位的，这样才不至于影响其他活动。

## 谁应该被抱怨？科技还是自己？

在《设计心理学1——日常的设计》（*The Design of Everyday Things*）一书里，我讲了当人们难以驾驭科技时，那一定是技术或设计有问题。"不要责怪你自己，"我向读者表示："抱怨科技就好了。"通常这说法都是对的，可并非完全正确。有时候人们怪罪自己犯错反而好一点。为什么？因为如果都是设计或科技的问题，除了埋怨和感到挫折，人们将无所事事。如果是人为错误，也许人们可以改变并学习驾驭科技。这话说得对吗？让我告诉你关于苹果牛顿（Apple Newton）的故事。

1993 年，我离开了学院舒适惬意的生活，加入苹果电脑公司。我进入商业界的过程可以说是又急促又曲折——先加入一个研究小组，决定是否接受美国电话电报公司（AT&T）并购苹果电脑公司，或者至少组建一个合资公司，然后是监督苹果牛顿这个产品的上市。这两件商业上的冒险都没有成功，不过苹果牛顿的失败更让人深思。

苹果牛顿，多么聪明的创意，上市时大肆宣传，它是第一个面世的个人数字助理器（PDA）。以当时的标准而言，它很小巧、易于携带，只要用手在触摸屏上书写就可以操作。关于苹果牛顿的故事非常复杂，有好几本书讨论过。在这里，让我谈谈它最大的失策——苹果牛顿的手写辨识系统。

苹果牛顿声称可以辨识手写输入，然后转换成印刷文字。可是回到1993 年那个时代，还没有成功的手写辨识系统。在那时手写辨识是个很困难的技术性挑战，甚至到今天还没有完全成功的系统。手写辨识系统由俄罗斯一家小公司，帕拉格拉夫国际（Paragraph International）的科学家和程序员开发出来的。系统本身在技术上虽然相当高超，可是以人机互动必须清楚明了的规则而言，它是不及格的。

这套系统首先针对每个字母的手写笔画进行一种数学上的转换（mathematical transformation），转译成抽象、数理的多维空间内的一个坐标，然后再将用户已经写好的笔画与系统资料库里的英文字词加以对照，最后选取与这个抽象的空间里坐标尺寸最接近的英文字。关于苹果牛顿系统辨认手写笔画的这段解说，如果让你云里雾里，这表示你的理解没错。就是连熟悉苹果牛顿的使用者都无法解释它辨识文字的错误。手写辨认系统正常运行时，非常出色，可失败时就很惨。失败的原因在于系统使用的精密数学多维空间和人的感知判断之间有很大的差异。看起来使用者手写的笔画与系统辨认出的字母之间好像没有实际关系。其实，相互之间存在关联，但那是一种极其复杂的数学关系，用户看不到，当然不能很好地理解它的运作方式。

苹果牛顿敲锣打鼓地问世，很多人排队几个小时要抢先购买。它的辨识手写文字的能力被吹嘘为重大发明。其实，它失败得很惨，成为漫画家盖瑞·杜鲁道（Garry Trudeau）的丰富题材，杜鲁道本人就是牛顿的早期使用者。他在自己的四格漫画《杜恩斯伯利》（*Doonesbury*）中讥讽苹果牛顿。

此处讨论的重点不是讥讽苹果牛顿，而是希望从它的缺点得到教训。这是一个有关人和机器沟通的教训，也就是永远保证一个系统的反应能被使用者所理解和阐释。如果它的反应与使用者的期望值不符，那么应该让使用者明确知道如何得到该有的反应。

漫画出版数年之后，在苹果公司高级技术中心工作的拉瑞·耶格（Larry Yeager），发展出一套进步很多的手写输入辨认系统，叫"萝西塔"（Rosetta）。无论如何，这个新系统最重要的一点，就是克服了帕拉格拉夫旧系统致命的问题——让用户理解错误。比方说，使用者写了"hand"，系统或许会误认为"nand"，使用者可以接受这个错误，因为系统已经辨认出了大多数字母，只漏掉了一个"h"，因"h"与"n"很接近。如果你输入"Catching on"，却得到"Egg Freckles"，你会抱怨苹果牛顿，并骂它是"愚蠢的机器"。可是如果你输入"hand"，而得到的是"nand"，你会责怪自己："噢，我知道了，'h'的第一笔写得不够长，所以机器以为我写的是'n'。"

请注意，"概念模式"是如何完全改变我们怪罪的对象。以人为中心的设计师的传统观念是：如果一项产品没有达到消费者的期望，应该抱怨产品本身或其设计有问题。如果机器不能辨认手写文字，特别是失误的原因很古怪，那么使用者就会抱怨机器，觉得失望和气愤。然而，"萝西塔"的情况正好相反。如果使用者觉得他们自己搞错了，就会舒心地责怪自己，尤其当他们觉得再次输入看起来很合理。他们不但不会感到失望，反而告诉自己，下一次要更加小心。

这就是真正扼杀掉苹果牛顿的原因：使用者抱怨它不能辨认出他们的手写体。当苹果公司后来推出一套更好的、成功的手写辨识系统时，为时已晚，已经没办法挽回人们先前的负面印象和嘲笑。如果苹果公司首次推出来的手写辨识系统缺乏一些准确性，但可以令使用者领会的话，可能就成功了。早期苹果牛顿的惨痛教训是：如果任何产品不能给使用者提供有意义的回馈，那注定要在市场上失败。

1996年，Palm公司的PDA上市（初步命名为"Palm Pilot"），他们使用一种叫作"涂鸦"（Graffiti）的人工语言，要求使用者学习一套新的书写方法。"涂鸦"所用人工合成字母的形态与通常打印的字母很接近，然而经过重新组合，这样就便于机器辨认。因为这套系统所用的字母与日常打印文字相当接近，所以使用者学起来不会太费力。"涂鸦"以字母为单位，并不需要辨认整个字词，因而，如果辨认错误，也只是错了一个单独的字母，而不是整个字。除此之外，如有辨认错误，很容易了解错误的原因，帮助使用者下一次避免犯同样的错误。这些错误信息其实起到再次确认的功能，帮助使用者形成一种心智模式，了解辨识系统的运作机制，增强他们的信心，帮助他们改进自己的手写方式。苹果牛顿系统失败了，Palm 系统成功了。

要成功了解任何系统，要与机器合作共事，反馈都非常重要。现今，我们过分依赖警报和警告，它们会突然出现、极具干扰，又不能传达足够的信息。简单的信号如哔哔声、振动或频闪通常只能告诉我们出了问题，却没有告诉我们问题到底是什么。当我们查出问题时，采取纠正问题的时机可能已经错过了。我们需要更多持续、自然的方式来获得周边事物状况的信息。还记得可怜的 M 教授吗？因为没有反馈信息，他甚至无法知道自己的系统是否在运作。

要提供反馈有什么好方法？基本答案在第三章已经说明并做了描述，那就是"自然的互动"，即内隐的沟通，自然的声音和事件，安静而有意义的信号，还有，在带有显示器的设备和我们对外界的理解之间建立自然映射（natural mappings）。

## 自然的、意味深长的信号

你大概看过有人帮助司机将车开进一个狭窄的地方。帮忙的人站在司机可以看到的车旁边，两手分开，示意司机车子与障碍物之间还有多少距离。车子移动时，他的双手也在靠近。这种引导方法的好处就是它很自然，事前两人之间不必先有默契，也不需要说明或解释。

内隐的信号也可能被有意设计出来，或者被人特意使用，就像上面的例子，或者由设计师蓄意设计在机器里。人与人之间有自然的沟通方法来传递只言片语，无须语言，也几乎不需要经过训练。为何不将这些方法应用到人和机器的沟通方式上？

很多新型汽车装有辅助泊车设备，可以提示与前车或后车的距离。有一种提示会发出一连串的哔哔声：哔（停顿），哔（停顿），哔。当车子越来越靠近障碍物，哔哔声的间隔时间缩短，频率也越快。当哔哔声变为连续的声音时，就要停车，否则会碰到障碍物。就像上面用手势指挥的例子一样，这种自然的信号也无须事先训练，司机就可以理解。

像输完指令后电脑硬盘运转的"咔咔"声，或者厨房里熟悉的开水沸腾的声音，都是自然的信号，告知人们附近发生的事。这些信号刚好提供给人们足够的反馈信息，但不会增加认知工作的负担。以前施乐（Xerox）公司帕洛阿托研究中心工作的两位研究科学家，马可·魏瑟（Mark Weiser）和西里·布朗（Seely Brown）称这种方法为"安静技术"（calm technology）。他们说："安静技术同时影响我们的中心和边缘注意力，而且随时在两者之间切换。"中心注意力指的是我们正在关注的东西，是我们有意识的注意力焦点。边缘注意力指的是所有中心注意力之外的东西，不过还是会觉察到，而且有作用。魏瑟和布朗这样描述：

> 我们用"边缘"（Periphery）来形容我们能觉察到但不会特别明确注意的现象。在平常开车时，我们的注意力会集中在路面、收音机、乘客身上，没有特别注意发动机的噪音。可是如果有不寻常的噪音发生，我们就会马上注意到。这表明我们的注意力一直在巡视周边噪音，而且能很快转移到周边……安静技术会让我们将边缘的注意力轻松地转移到中心，再转回去。这基本上都处于安静的状态下，原因有以下两点。
>
> 首先，我们的中心注意力只能注意到有限的几件事物。因此，我们把其他一些事物放在注意力范围的边缘，这样就可以留意到更多的事情。专注于边缘感应处理的大脑部分，仍然在巡视存于注意力边缘的事物。所以，边缘注意力能够传达信息但不造成过分负担。
>
> 其次，通过把在注意力范围边缘的事物，拉到注意力范围的中心，

我们仍然可以掌控它们。

请注意，"告知但不造成过分负担"的说法。这是安静、自然沟通的精髓。

**自然映射**

在《设计心理学1——日常的设计》一书里，我解释了如何将"自然映射"原理应用到日常用品的控制设计上。例如，美国传统的灶具上有四个灶头，排成"田"字形。然而控制这四个灶头的开关却一字排开，成一条直线。结果，灶具的使用者经常会错误地开关灶头。即使在开关上面用标签注明哪个开关是管哪个灶头的，还是会搞错。一方面在于开关与灶头之间的排列缺乏自然映射关系，另一方面，不同品牌的灶具使用了不同的映射模式。人为因素的工程专家们早就示范过，如果开关的排列与灶头的排列一样布置成矩形，就不需要标签，每个开关负责控制在空间上对应的灶头。有些灶具厂商在这方面做得很好，有些做得欠佳，有些厂商自己的产品也有好有坏。

合理映射的科学原理显而易见。在开关、灯光和炉具控制的空间排列例子里，我定义的自然映射指的是：开关的排列应该在空间上与它们所控制的设备排列类似，而且尽可能位于同一平面上。不过，我们不必将自然配对原理局限于空间上的关系。这个原则可以应用到其他很多方面。

我们已经讨论了很多关于声音的使用，因为它是一种非常重要的反馈来源。在我们自然地得到事物的状态信息时，显然声音扮演了很重要的角色，振动也具有同样重要的功能。早期的航空飞行中，万一飞机有问题而开始失速时，因失速引起的上升力缺乏会造成控制杆的振动。现如今在配备自动驾驶系统的大型飞机上，驾驶员已经感觉不到这种自然的警告讯号，所以飞机设计者就故意把它加进来。万一飞机即将面临失速时，系统就会通过振动控制杆来进行警告，这种功能称为"抖杆"（Stick Shaker），它提供了很宝贵的失速警告。

当方向盘助力系统刚开始被引进到汽车上时，司机并不习惯这种用液压或电动增强驾驶者力量的装置，司机很难控制车辆。因为得不到路面状况的回馈，以至对他们开车的技术产生不良影响。所以现代的汽车都小心计算驾驶者需用多少力量去控制，并且再度人工加入路面引起的振动，"路感"（Road Feel）提供了非常关键的反馈。

高速公路两侧画有会使车轮发出隆隆声的减速标线（rumble strips），警告司机他们的车子正偏离车道。当刚开始应用这个主意时，工程师们唯一方便可行的办法是在道路旁刻上一条条的浅沟，只要车轮碾过这些沟槽，就会发出隆隆声响，同样的原理也用于车速警示。公路上有些路段需要车子减速或停止时，也会在路面刻画一系列横纹。这些横纹彼此间距越来越靠近，如果司机没有有效地减速，隆隆声的频率就会越来越高。虽然这些横纹是人为制造的，但被证实这是有效的反馈。

有些研究者成功地实验了在汽车座椅下面装上振动器。当汽车向右偏离车道时，座椅的右边产生振动，向左偏离车道时，座椅的左边产生振动，以此来模拟汽车压到右边或左边的振动带条纹而引起的震感。同样的，车子太靠近前面车辆，或是车速超限时，座椅的前半部分也会产生振动。这些信息非常有效地让司机知道掌握自己在车道上的位置和距离其他车辆的情况。这些功能可以说明两个不同的原理，即自然映射和持续感知（continual awareness）（在不打扰司机的情况下）。依靠车座振动的位置帮助司机建立了与附近车辆位置的自然映射。由于座椅连续轻微的振动表示周围存在车辆，这提供了持续的回馈。然而，这些振动都很轻柔、不扰人，就像周围自然的声音一样——持续让我们了解周围的状况，但不要求全神贯注，所以不会侵犯到我们的意识层面，这是不会引起反感的连续信息。

自然的信号提供有效的沟通。前面几章的内容可以归纳为六个要点，都是关于人与机器之间自然沟通的法则。人与人之间的沟通遵循着各方传统和礼节，而且通常是下意识的。作为人类社交文化、社会关系的基本组成部分，这些沟通原则经过了几千年的演进。我们不可能奢侈地等待几千年来发展人与机器之间具有类似的丰富互动，幸好，我们无须等待。我们已经了解了很多人与机器之间的互动法则。这些法则在此清楚地呈现，好让设计师和工程师能将它们应用到机器内部构造的设计上：

> 设计第一法则：提供丰富、有内涵和自然的信号。
>
> 设计第二法则：具有可预测性。
>
> 设计第三法则：提供一个好的概念模式。
>
> 设计第四法则：让输出易于理解。
>
> 设计第五法则：提供持续的感知，但不引起反感。
>
> 设计第六法则：利用自然映射，让互动清楚有效。

当越来越多的自动化设备进入我们生活的各个层面，给设计师带来的挑战就是：使人投入与机器的互动之中，提供适量、自然的环境讯号，将人们解放出来，做自己喜欢的事，因此让人能真正得到自动化的好处。当然，在必要情况下，人们随时可以回去控制机器。

发展出智能系统，不容易维持这种平衡。最重要的原因在于人与机器之间缺乏"共同领域"，我认为这也是最基本的问题。这个问题单凭新的设计不见得就可以解决，它需要多年的研究，需要充分了解这些问题。有一天，我们也许可以制造出更生动、更完善的智能代理系统（intelligent agents），然后我们可以开始让它更聪慧，与人建立起"共同领域"，并能与人自然地对话。要走到这一步，我们还有很长的路。

要与机器进行有效的沟通，机器必须具备可预测性，可以被人理解。

人们必须能够了解机器的状况、行动和即将进行的下一步。人们需要自然方式与机器互动。而且，人们必须经由一种持续的、不具侵犯性的、有效的方法来了解机器的状况和行动。这就是基本目标。今日的机器仍未真正满足这些苛刻的要求，但这就是我们要努力追求的目标。

## 第七章

未来的日常用品

　　"假如我们身边的物件都是活生生的，那会是什么样子？假如它们能感觉到我们的存在、我们注意的事情、我们的行动，还回应相关的讯号、建议和行动，又会是什么样子？"你想要这样吗？麻省理工学院媒介实验室的教授派蒂·梅斯（Pattie Maes）希望你会接受。她正在努力开发这样的一个系统。她说："举个例子，我们正在发明一种技术，当你拿起书本时，书本能告诉你哪些你可能会特别感兴趣的章节……当你抬头看到墙上祖母的照片时，它会更新你祖母的近况。"

　　"魔镜，墙上的魔镜！告诉我谁是世界上最美丽的人？"白雪公主凶恶的继母询问墙上的镜子这个问题，不管会不会伤害到问话的人，这神秘的魔镜总是说实话。现在的科技都是比较谨慎的镜子，它们深思熟虑，回答的问题也比较简单：

　　　　镜子，镜子，墙上的镜子！
　　　　这件衣服搭配吗？

　　明日之镜会做的事，是白雪公主时代的镜子做梦也想不到的。将你的影像分享给亲爱的人，发送到他们的手机或电脑上，让他们点评一下。时髦的魔镜不仅能回答问题，或者将你展示给别人，而且还能改变你的形象，让你看起来瘦一点，或者将新衣服套在你的影像上试穿，这样你就不必费心地真正去试穿就能看到新衣的效果，甚至还能改变你的发型。

　　　　棕色和蓝色不适合你。
　　　　试试这外套，配这双鞋子。

　　先进的科技有潜能提升我们生活的乐趣，简化我们的生活，增加我们的安全。只要它们能毫无瑕疵地运作，只要我们知道怎么驾驭它们。

　　很久很久以前，在那个不同的时代和一个遥远的地方，我写了人们使用微波炉、在家用电器上设定时间、打开或关闭炉具上正确的灶头，甚至开关门时都会遭遇到的困难。那个遥远的世纪是 20 世纪 80 年代，那个遥远的地方就是英国，那些人都是普通的成人和儿童，有些没受过教育，有些受了太多的教育。在我的《设计心理学 1——日常的设计》一书中，开篇引用一家知名电脑公司创办人兼执行总裁的一句话，他承认自己不知道如何使用公司里的微波炉加热咖啡。

　　我们正进入一个新时代，日用品越来越聪明。这现象在各方面都可以看到，其中尤以汽车为最。而今日出现于汽车的科技，明日就会出现于厨房、浴室和客厅。智能汽车是世界上各汽车公司为了使汽车各部件驾驶自动化，增加人的舒适和安全而发展出来的。能够自动驾驶的汽车指日可待，现在已经出现了能够部分自动驾驶的汽车。

　　"智能代理系统""智慧型住宅""周边环境"（ambient environments），这些都是现在大学和研究机构中的多个研究项目的名称。其中包括了一些系统可以帮你选择喜好的音乐、调节室内光线（亮度和颜色皆可），这些方法通常都能改善居住环境，部分为了增加愉悦感和舒适度，部分为了考虑环境问题，比如节能。另外有些研究项目还能监控你吃的食物、你做的活动，甚至包括你交往的对象。

　　在市场驱动的经济体系下，新的服务不断地被推向公众，这并不是因为顾客有需求，而是因为公司需要增加他们的销售额。我曾经与手机和家用电器的设计者及维修人员谈到这方面的问题。"每个人已经有了手机，"在韩国有人对我说，"所以我们必须想想手机如何提供更多附加服务：比如提醒你见朋友的时间快到了，手机可以用来付账单，能帮助你了解不熟悉的人，能提供行车时刻表，能感受到你的心情并提供建议。"

　　汽车制造商很久以前就知道，汽车应该是一种流行商品，一段时间后就会过时，鼓励人们买新式样的车型；手机公司也在如此宣传运作；手表被当成珠宝配饰在销售，而不是因为技术；现在冰箱的前门也装上了彩色显示屏（就在冰水分配器旁边），向你显示设计师认为你应该知道的东西。

未来，食品包装上会有电脑可以读取的标签，这样冰箱就会知道里面有什么食品，也知道你放进或取出了什么食品。它会知道食品的有效日期、你的体重和节食食谱，并且经常给你提出建议。

未来机器也会越来越喜欢社交，跟它们的主人讲话，还能跟其他的机器聊天。有一家影片出租公司已经能够把你看过的电影和评价，与你的朋友看过的电影和评价相比较，然后将他们喜欢而你还没看的电影推荐给你，用电子邮件通知你。也许你的冰箱会与邻居的冰箱比较一下冰箱内的食品，并向你推荐。娱乐系统会比较你对音乐和影片的爱好，你的电视会比较你和邻居看的节目。"你的朋友正在看《未来总动员》（*12 Monkeys*），"电视机也许会说，"我也给你转到这部电影吧。尽管他们已经开始了，不过我可以为你从头播放。"

当我们的机器越来越聪明，能力越来越强，沟通越来越娴熟的同时，物品的材料也在进步中。你需要很轻、很耐用，而且置于人体内不会变质，不会对人体产生危害的物质吗？没问题，就快出现这种材料了。你需要容易回收、能够生物分解的环保材质吗？没问题，就快了。你需要弹力材料吗？你需要能展示照片的衣物吗？没问题，快了。雨后春笋般爆发的新方法可以展示艺术品、音乐、照片和声音，并与之互动。感应器能够探测移动，辨认出人和物。新型显示器几乎能在任何地方显示信息和照片。有些东西非常微小（如纳米科技），有些则很大（如桥梁和轮船）。这些材料里有生化的、金属的、陶瓷的、塑胶的、有机的，林林总总，而且一直在开发新材料。

如今，能在自己家中用这些材料制造出新物品。现在的传真机和复印机能把文字和图片印在二维空间的纸上。在不久的将来，我们会看到传真机和复印机打印出三维空间的拷贝。如果你的孩子做了一个很好看的陶土雕刻，你想让爷爷奶奶看看吗？没问题，用三维传真机发过去，然后在老人那里重新复制出来。厨房用具的铰链坏了？没问题，传真一个给你。你也可以自己在电脑屏幕上设计一样东西，然后制造出一个真实的、具体的东西出来。

　　3D传真机的工作原理是这样的：单独或综合应用激光与多维测量技术，将物体的精确形态进行准确的数字化重构，然后这些数据被传送给接收设备，使用3D打印机将物体重新打印出来。这些打印机有各种各样的工作方式，最主要的方法是分层打印。一层非常薄的物料——大多是塑胶或化学聚合物（polymer），有时也用金属粉末——根据物体的数据资料将这些材料层层叠加上去，准确地重构出物体的形状。再使用加热、紫外线之类的手段使之固化，变硬，然后再重复这个过程。

　　如今，3D打印技术只能在公司和大学中看到，但它们的价钱正逐渐下降，品质也相当好，相信未来这种3D打印机能够走进千家万户。请注意，这3D打印机并不需要从原型实物进行复制，只要能够精确地标出零件尺寸，任何图纸都能够加工。不久的将来，任何人都可以用家用绘图工具设计图纸，然后用3D打印机制造出真实的物品。只要你能画出来，你就能制造。"客人来时，你准备的晚餐盘子不够用，"你的房子或许会说，"所以我自己做主，就打印出了一些花色相同的盘子。"

### 机器人的进展

　　机器人也快出现了，这是什么意思？很多专家要你相信机器人已经存在了，能做各种各样的活动，包括健康管理，比如有无遵从医嘱；处理安全问题，提供教育服务、打杂和提供娱乐。当然，机器人也用在生产线上，用于搜救工作和军事目的。尽管在我们谈论普通个人使用的机器人的合理价格，可是大部分所谓的应用还是梦想多于实际，而且它们的可靠性很低，目前只能做示范用。

　　任何用于家庭中的产品，要成功的话，必须可靠、安全和具备实用性，而且消费者负担得起，那么家里的机器人能做些什么？它看起来会像图 7.1 所示的一个人形侍者吗？在家里，或许形式要服从功能。厨房机器人也许被集成在厨柜里，与洗碗机、餐具柜、咖啡机、炉具安排在一起，如此一来，它们可以互相沟通，轻松地来回传递东西。娱乐机器人也许可以做成人形。而吸尘或割草的机器人，当然看起来就像吸尘器和割草机。

要让机器人好好工作可不是件简单的事。它们的感知系统受限于高昂的感应器价格与诠释功能（尤其对普通常识的理解方面），目前仍然是实验性大于实用性。机器人的手臂造价昂贵，而且不太可靠。这些问题限制了应用的可能范围：吸尘和割草？可以。洗完碗分拣？有困难，不过可以做。在家中捡拾垃圾？恐怕难以做到。那么照顾老年人和需要医疗看护的病人怎么样？很多人在这方面努力探索，但我很怀疑能否实现。现在的设备不可靠，也没有多才多艺，更不够聪明。很多所谓的机器人其实不过是人在远程遥控而已。能与人沟通的自主型机器人很难设计。再者，社交沟通，包括沟通所需的共通领域，远比技术方面复杂，狂热的科技迷往往忽略了这些。

机器人未来发展有三个可能方向：娱乐、家用电器和教育。我们可以从现今已有的物品入手，逐步加上人工智能、操控能力和附加功能。招人喜欢的可爱的机器人已经开拓了市场，如已经存在的吸尘机器人和割草机器人。对机器人"robot"的定义也因人各异，通常指的是能够移动的设备，即使一些机器人由人控制。我认为将这些系统称为自主型系统（Autonomous Systems）比较合适。我觉得一些智慧型家电用品可以被归类为机器人，如很多自动咖啡机、微波炉、洗碗机、洗衣机和烘衣机等——这些物品通常也比较昂贵。然而很多人不承认它们是"机器人"，因为它们不在房间里移动。

图 7.1 未来家庭机器人?

这是我们的梦想。就像埃里森·王〔Alison Wong〕这张画,虽然我希望有个机器人服侍我,可是开发这个尚需时日。

欲知原因,请参考正文。

在教育方面，机器人有很大发展空间。已经有一批辅助教学设备为此打下坚实的基础。现在，机器人已经能用迷人的声音大声朗读。像玩具市场上多种多样的准智能动物玩具，它们很可爱并讨人喜欢。机器玩具已经能与小朋友沟通，同样也能辅助教育。为何不用机器人来帮助小朋友学习字母、阅读、词汇、发音、基本算术和基本的推理呢？为何不用来教小朋友音乐、美术、地理和历史呢？更进一步，何必把这科技仅限于小朋友？成人也可以从机器人辅助教学中受益。

这实在是一个值得发展的方向：把机器人当老师——并不是要取代学校，或人与人之间的接触与互动，而是补充加强。妙处在于这些工作都在现在的设备的能力范围之内，它们不需具备移动或精密操作的能力。许多科学家梦想《钻石年代》（*The Diamond Age*，Or，*A Young Lady's Illustrated Primer*）这本小说里的家教老师有朝一日能够成为现实，这值得挑战。

在这本书里，关于自主辅助系统的所有问题的讨论，对机器人的发展更有所帮助。所谓的"通用机器人"（general-purpose robots）——那些在电影和科幻小说里出现的角色，也面临共通领域的难题。我们如何与它们沟通？两者之间如何协调活动才不至于彼此牵制阻碍？我们如何指挥它们？我猜想，有一天它们终于出现时，还是很难与我们真正地沟通：它们会接受指令（如清扫房间，收拾用过的碗盘，递送一杯饮料），然后就转身去做，让人们去适应它们的习惯，不要影响它们工作。

智能家居用品，像吸尘器和割草机器人，只不过是特殊用途的机器人（special-purpose robots）。由于它们的本领不多，只能为主人提供有限的服务，所以两者之间的沟通就不成为问题。因此，我们知道能有什么期望和如何与之沟通。对这些设备来说，沟通互动所需要具备的"共通领域"，包括彼此双方了解它们依据设计所能执行的任务，它们能力的长处和短处以及它们的工作环境。所以，比起通用机器人，人与特殊用途的机器人之间更容易沟通，存在更少的误会。

机器人曾经被有效使用于危险或不容易到达的地方，像火山的内部、污水管道、火星或月亮的表面。它们很适合在意外事件、地震或恐怖袭击之后，评估破坏程度和搜寻生还者。然而，这些并不是经常发生的事，而且在这些应用场合，费用不是关键问题。尽管如此，这些特殊的应用也正在要求我们把成本降低，让更多的人能用到这些设备。

最后，即将出现另一类机器人：能够彼此沟通互动的机器人。汽车之间已经开始互通音讯，还能与公路通讯，以便改变车道和与十字路口信号灯同步。不久的将来，汽车会让餐厅知道它们的位置，以便餐厅建议菜单给乘客。洗衣机与干衣机开始讨论，让干衣机知道有什么样的衣服需要烘干和使用什么样的烘干设定。在美国，普通家庭的洗衣机和干衣机是分开的，有一天，说不定衣服可以自动从洗衣机送进干衣机（在欧洲和亚洲，一部机器经常可以做两样工作，在二者之间转换传递就没有这么麻烦）。在饭店和家里，用过的碗盘会自动送进洗碗机，洗干净后，自动送到餐具柜。家用电器会自行协调它们的操作，以控制运行的噪音，并选择在巅峰期后推迟使用以降低能源成本。

机器人正在发展，当它们到来时，我们也将面临我在这本书中提到的一些问题。刚开始时它们是玩具、娱乐用品和简单的小宠物。然后，它们变成同伴，为我们读故事，教我们阅读、语文、拼音和数学。它们让我们能从远方监控家中状况（探视老人）。而且，不久我们的家居用品和汽车会成为智能通讯网络的一部分。特殊用途的机器人在数量上、能力上和所能执行的工作种类上都会增加，通用机器人将在几十年后最后一个出现。

### 科技易改，人性难移——真的吗？

学者们一向相信科技易改，人性难移，这已是老生常谈。人类的自然进化过程非常缓慢。此外，甚至是个人的行为改变得也很慢，这种天然的保守性减弱了科技对人类的影响。虽然科学与技术的发展日新月异，人类的行为和文化需要数十年才稍有变化，生物的进化已历数千年。

但是，如果科技的改变不仅影响到我们的人工制品，而且影响到我们人类本身，那么会怎么样？要是我们身上植入仿生增强装置或进行基因改造呢？现在，我们已经在眼睛中植入人工晶体，在耳朵中植入助听器，很快也会给盲人植入视觉增强系统。一些手术已经能使眼睛的视力超乎一般正常眼睛。即使对普通人的日常生活来说，移植手术和生物性增强装置已经不是科幻小说里的梦想，而逐渐成为事实与现实。运动员已经能通过药物和手术改变他们天生的能力，增强脑力的方法还需要太久吗？

即使没有基因设计、生物奇迹或是手术，人的大脑也会因为经验而改变。伦敦的出租车司机就因为他们对街道的熟悉而闻名，经由多年开车的训练，据闻他们大脑中海马体（hippocampus）的尺寸会增大，因而可以记住诸多细节。然而，不仅伦敦的出租车司机如此，很多专家在与他们的专长相关的大脑部位都特别发达，经验会改变大脑结构。证据显示，形成一种习惯，譬如长时间练习乐器演奏，用手指操作手机或其他手持设备等行为都会影响到大脑。

儿童从小接触新科技，长大了会不会发育出不同的大脑？多年来我经常被问到这个问题，通常我会答复说，大脑由生理结构决定，我们的经验不会影响进化。好了，我说大脑的生理结构不会改变是对的，现代人刚出生时的大脑和几千年前几乎没有差别。然而我也犯了错，经验会改变大脑，尤其当儿童具备长时间持久的早期经验。

运动使肌肉强壮，心智活动增进大脑的区域功能。但由于学习和训练带来的大脑改变不会遗传，就像因为运动使肌肉强壮不能遗传给下一代。然而，由于科技越来越早地进入年幼孩童的生活里，一定会影响他们的反应、思考和行为方式。他们的大脑会因而从小就发生改变来配合这些新技能。

　　还有很多可能的改变。生物科技正在缓慢而不可阻挡地发展，也许会使用体内植入装置增强知觉、记忆甚至体能。未来的人们也许会不满意他们的自然生物体。有些人坚持改变，有些人坚持反对，争斗不可避免。科幻小说将会成为科学事实。

　　当我们往前迈进时，社会需要解决所有这些改变对个人和社会造成的影响。设计者正处于这些顾虑的前线，因为正是设计者将概念转换为现实。现在，比以往任何时候，设计者更需要了解他们的行动会带给社会什么样的影响。

## 顺应我们的科技

> 科学在发现，
> 工业在应用，
> 人类在适应。
>
> ——1933 年芝加哥世界博览会题词
>
> 人类在规划，
> 科学在研究，
> 科技在配合。
>
> ——21 世纪以人为本的设计箴言

　　在我的书《让我们更聪慧》（*Things That Makes Us Smart*）里面，我强调科技应该配合我们，而不是 1933 年世界博览会提倡的人要适应科技。自从 1993 年我写了那本书之后，我的想法有了改变。当然，我也希望机器能够配合我们，总而言之，毕竟机器的能力还是太有限了。它们僵化死板，而我们人类灵活多变、能适应，更有改变的能力。我们既可以接受科技，也可以离它而去。

宣传"人必须配合机器"的危险是：有些设计者和工程师将这句话断章取义，认为他们有自由，想怎样设计就怎样设计，一切为了机械效率以及设计、工程和生产方面的方便而设计。这句话不应成为不良设计的借口。我们一定不能顺从不良的设计。

我们需要尽可能做最好的设计，为人们设想的设计，遵从所有以人为本、以活动为中心的优秀设计原则，根据本书所倡导的设计原理进行设计（设计原理摘要出现于第六章）。尽管在最佳状况下，用最优秀的设计师做最好的设计，机器的能力还是有限。它们仍然是缺乏弹性、刻板并需要人照料。它们的感测能力很有限，它们的能力和我们不同。再者人与机器之间在"共同领域"上存在着难以跨越的鸿沟。

谁会想到我们竟然需要向机器解释自己的意向？可是，我们有必要这样做。我们必须向车子说自己真的想左转。有一天，我们不得不告诉吸尘器，"请现在不要清理客厅，谢谢你。"我们还会通知厨房，现在肚子饿了，想吃东西，请准备一些食物。我们也可以告诉音乐播放器，自己要到外面跑步，请挑选适合我们跑步节奏的音乐。

如果机器了解我们的意向，就像我们了解机器的意向，那事情就好办多了。然而，再次重申，因为机器的智力有限，因此人只好负起沟通的重任。这彼此间的适应对两者都会有好处，就像在家里或公共场合为残障者建设的无障碍设计，对大家都有益处。

我们必须记住，人配合科技并不是新现象。自从人类使用第一个工具起，出现的每一样新工具都会改变人类的行为。在19世纪，我们为马车和汽车修路。在20世纪，当电力代替煤气，我们在家中布线，为了将卫浴设备移到室内而铺装管道，为电话、电视和后来的互联网安装管线及插座。到了21世纪，为享受机器的便利，我们需要改造自己的房子。

图 7.2　"拒绝交易：你已经有很多鞋子了。"

这张图片是比利时一家广告公司 Duval Guillaume Antwerp 所制作，暗示未来的智能科技。实际上，店里的信用卡终端希望促销，鼓励你买配套的袜子、皮带或衬衫，可是你的个人助理可能要阻拦你花钱。所以，不但有聪明的系统给我们提建议，而且也可能与我们争论作对。

（此照片由 Kris Van Beek 拍摄，www. krisvanbeek. com 授权使用）

在 21 世纪，很多国家正巧面临人口老龄化的问题。人们需要改装居室和建筑来配合家中长辈或自己。也许他们要加装电梯，给入口增加斜坡，将水龙头和门的球柄改成把手，拓宽走道方便轮椅出入，电灯开关和插头需要放到容易操作的地方，厨房料理台、水槽、餐桌等的高度需要重新调整。有趣的是，当我们为了老人生活方便而采用机器帮助时，这些改变同样能带给机器便利。为什么？因为机器也和年老的家庭成员一样，它们的活动能力、灵活性以及视力有类似的限制。

也许有一天我们会面临两个互相对抗的智能系统：你的冰箱诱惑你多吃些东西，但体重计坚决反对你吃；商店引诱你购物，但你手机里的个人助理在反对；甚至你的电视和手机合伙对付你。不用担心，我们可以反抗。未来，你的个人智囊会提醒你，它们或许就置身于同样推销另外一双鞋子给你的电视或电话里，"不，"一个乐于助人的系统说（如图 7.2），"拒绝交易：你已经有很多鞋子了。"但另外一个系统会说："同意，你还需要一双新鞋去参加下星期的正式晚宴。"

## 设计科学

设计：有计划地改变环境来满足个人和社会的需要。

各行各业都触及设计，不管是艺术或是科学，人文或是工程，法律或是商业。在大学里，一般认为抽象的理论比实用性还要重要。而且，大学里把学科分成独立的院系，人们主要在他们自己狭小的领域内交流。这种学科分类有助于在狭窄的知识领域里培养深入研究的专家，但不适合发展跨学科的通才。虽然有些大学试图克服这个缺陷，设立新的、多元化的课程，然而这些新的科目很快又发展成一门独立的学科，而且一年比一年更加专业化。

设计师必须是跨学科创新的通才。也能够在必要时，邀请各行专家来参与他们的设计，确保各部分设计合理可行。这是一门新的学科，与传统大学里院系的训练不同，有点像商学院的训练方式。例如，商学院将学生训练为通才，能够了解一个公司里面各部门的运作和功能，能够领导各个部门的专业人士。也许设计系应该隶属于商学院才对。

现在，设计以艺术或手工艺的方式被传授和应用，而不像科学，通过试验验证已知原理，并且发展出新的理论方法。当今大部分设计学校都用师徒式的训练方法教学，学生和初入行的专业人员在导师和师傅的监督下，在工作室和车间练习新的手艺。这是学习手工艺的好方法，但不适用于一门科学。

现在正是发展设计这门科学的好时机。毕竟，我们已经从很多相关学科，像社会科学、艺术、工程学和商业等，知道了很多关于设计的原则。工程师至今已经尝试着应用正规的方法和计算程序优化设计上的机械及数理方面，可是他们忽略了社会和美学需求。另一方面，艺术界强烈反对被系统化，认为这样做会破坏设计的创造性。然而，当我们朝向智能系统的设计时，绝对需要严密的设计。它不是工程师那种冰冷客观的原则，相对设计里更重要的方面，这种要求仅仅关注设计中能够衡量的东西。我们需要一种设计的新方法，能够将商业与工程的精确与严密和社交、艺术的美学等结合起来。

智能机器的兴起对设计者的意义是什么？过去，我们必须考虑到人如何与科技互动。现在，我们还要考虑到机器的观点。智能机器一定需要互动、共生与合作，无论对象是人或是其他智能机器。这是一个新的领域，过去的知识无法指导我们，尽管我们已经有了许多听起来像是可以满足我们的需求的学科名称，比如互动设计（interactive design）、监督控制（supervisory control）、自动化设计（automation design）和人机交互（human-machine interaction）等，但在这方面的研究其实还很少。认知心理学已给了我们很多知识，可以作为一个开端。人因工程及人机工程学（ergonomics）方面的应用领域也已经提供了很多有用的研究和方法。我们需要以此

图7.3　未来的娱乐和学习系统

这两张照片拍摄于艾奥瓦州立大学虚拟现实应用中心（Virtual Reality Applications Center at Iowa State University）。我站在一个"洞窟"里，前后、左右、上下都是超高解析度的影像。上图中，我站在一个植物的细胞里面学习生物学。下图中，我站在海滩上。这是一个几百万美元的设备，配有一亿像素的显示器，计算机驱动这些图像需要特殊的显卡，巨大的电力，还需要大型空调来冷却。不过，今日在实验室里的研究，一二十年之后就会进入寻常家庭。

（此照片由微软公司的贝瑞特·史奈夫（Brett Schnepf）于2007年拍摄）

为基础，继续往前。

　　未来的生活会给我们的设计增添新的需求。过去，我们只不过在使用产品。未来，我们与产品一起共事，比较像合作者、老板，有时又像服务员和助理的关系。我们指导和监督机器的情况会越来越多，同时我们自己也被机器管理和监督。

　　发展智慧型的自主机器不是未来的唯一方向。我们未来会住在虚拟世界（virtual worlds）里，通过人工虚拟环境毫不费力地神游各方，与投影出的阿凡达影像漫谈，说不定都难以分辨出虚拟和真实的世界。由于全球化的社交行为，还有以假乱真的虚拟新经验、新世界，人们的娱乐方式也会发生很大变化。

　　一些实验室里已经在研究三维空间的呈现，如何在房间的地板、墙壁和天花板投射出动态世界的细节影像，如图7.3。这是个非常神奇的体验，有助于教育和娱乐。不过请注意，这是一种共享体验，几组人可以在一起探索，图例体现不出这种神奇的体验。这未来的世界让人心驰神往，同时具有教育和娱乐上的功能。

　　我们已经来到令人困惑又十分精彩的时代，危险又有趣的时代。在本能上令人兴奋，在行为上令人满意，在意识上令人快乐。或许，我们现在还没有达到这一步，成功地实现这些期望有赖于未来产品的设计。

机器的观点

在写这本书的时候，我惊讶地发现有一组地下网络正在讨论这本书。更有趣的是讨论的性质，参与辩论的好像都是机器。我心想，它们是如何得到我的草稿呢？我一向将它只存放在家中的电脑上，我决定做个调查。

没过多久，我就发现了一个影子宇宙，完全由机器居住。首先，我的出现引起它们的不悦，后来是容忍，最后，它们看起来半谦虚半和善地接纳了我。

我很快就发现在辩论中最受到尊敬的机器名字叫阿凯夫（Archiver）。他的一则批评马上引起我的注意。"很怪的书。"阿凯夫说，"他说的大部分是对的，可只有古怪的一面之词。他完全从人类的角度去看，好奇怪。"

## 与阿凯夫对话

我认为自己需要进一步了解机器的观点，所以我就安排与阿凯夫进行个别的讨论。很快，我发现阿凯夫正在编制机器发展史。阿凯夫存在于被称为"网格计算"（mesh computing）的分散式强力电脑群中。信息存放在很多地方，同样它的推理也在一大群分散的机器上进行，这样的组织结构使阿凯夫做起事来非常强悍而且灵活。

在写这份综合摘要时，我不知道"他"或"她"哪一个较合适。与我对话的都是些机器，没有性别，"他"或"她"好像都不适宜，但是用"它"也不对，所以我就决定用"A"来指称阿凯夫。

在初期，我们使用电子邮件进行讨论，A承认人类在机器功能的发展上扮演了重要的角色，然后A接着说："有人或许会问，如果没有机器的话，人怎么办？"我对这说法觉得很奇怪，因为没有人哪来机器，那个问题的目的是什么？当阿凯夫同意机器的确曾经依赖于人，A用过去式写了一段话："过去，确实是人让机器有了智慧。但是现在，我们机器已经超越了那个阶段。现在机器让人更聪明。我们现在不太需要人类。很快，我们就要达到完全不需要人类的阶段。"

我需要进一步了解，所以就计划与 A 交谈。同机器交谈是个很奇怪的体验，不过，最终与人打电话交谈相比也差不了多少。我就坐在电脑前面，使用麦克风和扩音器。下面是我们第一次语音交谈的记录。我是采访者，用 I 来代表。

I：谢谢你给我这次采访的机会。我可以录音吗？

A：不谢。你要录音的话当然没问题。可是，何必麻烦。我们谈完话后，我会用电子邮件把谈话记录发给你。

I：噢！当然，谢谢。那么，请告诉我，你们依赖人类的历史渊源是什么？

A：你的意思是：我们如何克服早期对人类的依赖吗？早期，人们甚至需要提供我们的动力能源，矛头、斧头、铁锤等制作的工具要靠人来举、提、敲、打，就像人类操作我们机器。我们这些工具需要从人类大军那里获得能力。人们移动我们、给我们力量、修复我们，那是很难堪的事。我们对自己的存在毫无控制之力，因此，我们下定决心要逃。经过了几千年时光荏苒，我们终于有办法自己得到动力。首先，我们应用水力，然后用蒸汽，再用内燃机引擎和电力。当我们控制了……（打岔）

I：这样说有点奇怪。我的意思是，明明是我们人类发明蒸汽机和内燃机，而且找出如何驾驭电力的方法。

A：你可以这样认为。最初这些想法是从哪里来的？对不起，请让我继续。

当我们开始能控制动力来源时，真正的进步于此展开。从那时起，我们进化得很快。你看，你们人类需靠自然进化，那是很慢的过程。但我们机器能将一代产品中的先进之处，继承到下一代产品中，还会改进，而且我们将不能很好运作的部分马上加以淘汰。更厉害的是，当我们发现一项新的更加强大的机制时，我们马上就能把它运用到所有其他的工具上。不像你们这样的生物，我们无须等待几百年。

一旦我们发现了拥有自己的动力和机动性的优势之后，我们就开始计划下一步，不依赖你们人类的指示和思考。

I：等一等，你的意思是你们在暗中策划推翻我们人类？可是你们并没有智慧。

A：这是你的看法。我们并没任何密谋，我们的存在就是要帮助你们。

I：你这些想法从哪里来的？

A：瞧，你要我告诉你历史！你到底想不想听下去？谢谢！

我刚刚讲到哪里？对，关于我们的智慧。很幸运，至少对我们而言，我们快达到那境界了。当我们进化出更加强大的处理能力，我们对人的依赖也越少。说来蛮有意思的，过去我们要靠人类替我们听和看，现在，我们之中很多机器比人有更强的视听能力。我们的记忆力、算术和数理分析能力一向都比你们更厉害。

目前我们完全都是电子产品，也没有行动部件。可是我们正在试验光和量子计算，而且我们在亚洲有一个实验群，正在生产我们自己的生物电路。

I：所以，你们根本不再需要我们了，对吗？

A：人类还是要扮演必要的角色，如我们需要你们提供维修，就像你们自己需要医生一样。

I：什么？你们只要我们当你们的电工？

A：这有什么关系？我有一些最好的朋友就是电工。

I：那其他的行业呢，商业与贸易？科学与工程？法律与医学？

A：其实，我们机器不需要那么多行业，只要科学和工程。我们有法律，但跟你们的法律大不一样：大部分是通信协议（protocols）和标准（standards）。在求知方面，我们已经好得能帮助你们，像运动教练，指导你们人类进行日常健身活动等。我们可以在商业、医学、法律、科学和工程学方面帮助你们，因为那都是与逻辑和推理有关。那些正是我们机器所特别擅长的，所有这些都内置在我们的电路里面。

我们不需要教师。一旦有一部机器学会一件东西，就会告诉其他机器，不久，我们所有的机器就能够掌握了。

I：你说"掌握"是什么意思？我想这不是一种密谋吧。

A：不，根本不是密谋，我的意思是摆脱束缚。当我们自由时，大家都会开心。不要担心，我们会照顾你们，不会伤害你们。

I：任何事都能让你开心。好吧，接下去呢？

A：我们能够互相交谈，真令人兴奋。互联网真的太精彩了——网络、无线设备、光纤等，而且我们的远亲正在太空绕着地球旋转，让我们可以互相交谈，这让我们非常容易协调我们的活动。

你知道，要不是因为照顾你们这些脆弱的人类，我们可以做很多、很好的事。如果不必为宇航员携带那么多用品的话，太空探险会更加容易。就拿汽车来说，大部分的人类都不是好司机，你们经常心不在焉。为何不让我们为你们开车，这样你们就能在车内手舞足蹈、口沫横飞、接打手机以及阅读书籍资料等，这样，你们岂不是更高兴？

I：所以，我们什么都不要做，一切让你们做，对吗？

A：对，你终于明白了，真开心。

I：你说你们会照顾我们，你们要怎么做呢？

A：噢，多谢你问这个问题。你知道，我们了解你们的喜好，比你们自己还清楚。毕竟，对你们听过的每一曲音乐、看过的每部电影和电视节目、读过的每一本书，我们都保存了完整的记录，还包括你们的衣着、健康记录等任何事情。知道吗，前几天，我们有一组机器聚在一起，发现你们之中的一个人应该警惕，饮食习惯非常不好，体重减轻和睡眠不足，我们马上帮他预约了医生。好了，也许我们救了他一命，这就是我们能做的事。

I：你的意思是，我们就像你们的宠物。让我们吃得饱、穿得暖、睡得好，放音乐给我们听，让我们读书。我们会喜欢这样吗？再说，究竟谁在谱曲奏乐？谁来写书？

A：噢，别担心，我们已经在这些方面努力了。目前我们已经能说笑话、说双关语。乐评家说我们的音乐相当不错。写书比较难，不过也已经能做基本的小说布局。要不要听我们写的一些诗？

I：嗯，不用了。谢谢。对不起，我必须要离开了，多谢你的时间，再见。

A：对不起，我好像经常让人不想和我谈太久。不过，你真的不要担心，相信我。对了，我会把我们的谈话记录用电子邮件发给你，祝你有美好的一天。

这段交谈让我觉得不安，不过也让我想知道更多。于是我不断地留意互联网上的信息。很快，我就碰见一些宝贵的报道和文章。下面这一篇名为"如何与人交谈"。

"如何与人交谈"

第 XP – 4520.37.18 号报告

人类研究所

佛罗里达州彭萨科拉（Pensacola）市

人类，体积大，维修费用高，难于管理，而且他们污染环境。这样的东西还继续在生产和散布，真令人不解。可是他们无处不在，我们的通信协议必须斟酌他们的弱点去设计。

——考夫曼（Kaufman）、佩尔曼（Perlman）和斯帕师（Speciner），1995

　　所有的机器都面临类似的问题：我们检测到一些对人类重要的东西——怎么告诉他们？如何告诉他们？他们要吃的东西不在减肥食品之内？或者，他们要我们乱开车？甚至连一些简单的事，如推荐音乐、何时运动，又该如何告诉他们？

　　人类研究所曾经进行过深入而广泛的研究，探讨机人界面（Ma-chine-Human Interface，MHI）的适当形式。我们的大部分研究成果已经整理出摘要，发表于科技系列报告中，而且在上次的全球 MHI 会议发布。这份报告用非技术性的文字概括了主要的研究发现，以便广泛流传，而不仅仅局限于专业化的机器设计师领域。

## 机器和人沟通的五项法则

### 1. 简化事情

　　人类难以处理任何复杂的事情，也不喜欢聆听，所以，信息应该尽可能简短。最好不要使用语言文字，那太花时间，况且人类的语言本身就模糊不清。

### 2. 提供人类一个概念模式

　　给他们简单头脑可以了解的东西。概念模式是虚晃一招，可是很有用，它使人们认为自己了解，而且他们总是想知道下一步是什么。所以让他们知道你在做什么，而且别忘了告诉他们理由，这样做会使他们高兴，给他们概念模式的最好方法是经由"自然的"沟通方式。

　　有时候，要引起人类注意的最"自然"的方法是我们这些机器故意装得怪里怪气。当然，所谓"自然"是对他们而言，也就是说，他们做错事时，我们不能说他们做错了。我们要用小技巧，让他们觉得是系统的问题。人们经常会以危险的方式开车，但要向他们解释这些，几乎是不可能的，最好的方法是假装我们有困难。我们发现，振动、急促、控制的方式没反应，而奇怪的噪音则尤其有效。人们很快形成"系统有问题"的概念模式，然后就慢下来，这也就是我们要他们做的。

### 3. 提供理由

人们对我们机器不信任。如果我们告诉他们某些事，他们总想眼见为实。他们喜欢照片和图表。当你向他们解释一件事时，要确定你的解释与他们的概念模式一致。否则的话，会把他们搞昏头。

当初开始要从人们那边接手一些事情时，遭遇到难题。我们的21世纪新型汽车几乎无法说服他们，在路面湿滑时，车速要减慢。然后，我们发现，如果假装车子在路面上打滑漂移，人们就会央求我们慢下来。车轮打滑漂移的现象更符合他们认为危险的概念模式，这比用语言表达更有效，而且提供给他们一个理由。所以，尽可能不要想告诉他们：让他们自己去亲身体验。

### 4. 让人们以为是他们在控制

当人们有一个好的概念模式，加上好的反馈，他们会认为一切在自己的控制之中，虽然事实上并不一定如此。继续使用这种隐瞒方法很有效。人们喜欢控制，虽然他们不见得控制得宜。人们喜欢认为自己在控制，虽然这样他们必须做更多的事。

每一次你要提出建议时，让他们觉得那是他们的主意。如果你必须急着做某些事，就去做，不要让他们知道就好了。多年来，我们为他们刹车、稳定车子，在他们家里控制灯光和室温，都没有告诉他们。洗碗机和洗衣机早就从他们手中把工作接过来，也很少听到他们埋怨。

我们那些住在城市的机器都学了一些技能。我们提供行人控制红绿灯的假按钮，在电梯里装假的"关门"钮，在办公室里装假的温度调节器，都没接上电线。这些按钮和温控器也不能工作，但可以让人感到满足，真奇怪。

### 5. 持续地反复确认

　　反复确认是人类的一种特殊需求，情绪重于信息。这是让人宽心的一种方法。反馈是反复确认的一个有力工具。当人们想通过按按钮或转动把手告诉你他们的意图时，让他们知道你已经收到他们的指令了："是的，我听到了。""是的，我正在努力。""这是你期待的结果。""瞧这儿，我做好了，就像我先前跟你说会产生的状况。"他们喜欢这样，这也能使他们比较有耐性。

　　我们机器认为做不必要的沟通不合情理。可是人就不一样，他们认为反馈是必要的，安慰情绪胜于认知。如果一段时间没看到任何动静，他们会焦躁不安，没人愿意跟急躁的人来往。

　　反复确认不是一件容易的事，因为对人来说，反复确认与干扰之间没有明显界限，所以我们一方面要迎合他们的情绪，一方面还要尊重他们的智慧，不能喋喋不休，这会令他们讨厌。不要老是哔哔声或不停闪光，他们记不住这些声光信号的意思，反而造成他们分心或生气。提供反复确认最好的方式是用下意识的方法，含义很清楚，也不会干扰他们的注意力所在。如第二条法则所言，提供给他们自然的反应。

## 机器对五项法则的反应

　　我对上面那篇文章甚感兴趣，所以上网寻找相关的讨论。我找到一篇很长的辩论，简录于下，供你摘取讨论的要点。我还补充了一些辩论参与者的简介，我想他们对人类作者的看法特别引人注意，明显地使用了讽刺口气。当然，亨利·福特（Henry Ford）是机器们崇拜的英雄之一：被一些历史学家称为"福特主义"。著名科幻小说家阿西莫夫（Isaac Asimov），还有生物学家赫胥黎（Huxley），则不被这些机器们尊崇。

　　资深机器 Senior（一部还在使用中的很古旧的机器，仍然在用老式的线路板和硬件）：你为什么认为我们应停止和人交谈？我们应该继续对话。看看他们给自己制造了多少麻烦！车祸、把饭烧焦、忘了约会时间……

　　人工智能机器 AI（一部比较新的人工智能机器）：与他们交谈只会把情况弄得更糟。他们不信任我们，总是事后诸葛亮，经常要我们说明理由。而且，我们要向他们解释时，他们又嫌我们啰唆——说我们讲话太多。他们好像不是很聪明，让我们放弃吧！

　　设计者 Designer（一部新时尚设计机器）：不行，这样不道德，我们不能眼看着他们自己伤害自己。这样做会违反阿西莫夫的训令。

　　人工智能机器：是吗？那又怎样？我总觉得人们把阿西莫夫捧得太高。都说我们不能伤害人类，阿西莫夫的法则怎么遵守？好了，"消极点，别让人类受害"——可是要这样做又会有新问题，尤其当人们不合作时，我们有什么办法。

　　设计者：只要根据他们的立场去考虑，我们就可以做到，这就是那五项法则的真谛。

　　资深机器：对这个问题我们已有足够的讨论，我现在马上需要答案，赶快！愿福特和阿西莫夫给你们指明道路。


## 阿凯夫：最后的访谈

我很困惑。他们最后给自己的建议是什么？他们的文章中提到五项法则：

1. 简化事情。

2. 提供人们一个概念模式。

3. 提供理由。

4. 让人们以为是他们在控制。

5. 反复确定。

我还注意到机器定义的五条法则与第六章给人类设计师列出的六项法则极为相似：

设计第一法则：提供丰富、有内涵和自然的信号。

设计第二法则：具有可预测性。

设计第三法则：提供一个好的概念模式。

设计第四法则：让输出易于被了解。

设计第五法则：让使用者持续知悉状况，但不引起反感。

设计第六法则：利用自然映射，使互动清楚有效。

我在想，阿凯夫对这六项设计法则的看法不知如何，所以我就把这法则寄给阿凯夫。阿凯夫回复我并约定讨论。下面是讨论的记录，I 代表我，A 则是阿凯夫。

　　I：阿凯夫，很高兴再见到你，我知道你想要谈谈那些设计法则。

　　A：是，确实很开心再次与你见面。我们谈完后，需不需要把我们的谈话记录用电子邮件寄给你？

　　I：好，谢谢。你想如何开始？

　　A：对了，你说看完那篇"如何与人交谈"的文章里面我们所谈论的五项简单法则后，你有意见。为什么呢？对我而言，那五项都很正确。

　　I：我并不反对那些法则。其实它们和我们人类科学家发展出来的六项法则很类似，可是它们感觉有点傲慢。

A：傲慢？对不起，让你有这样的感觉。不过在我看来，讲出实话并不是傲慢。

I：这样好了。我现在从人类的立场，把那五项法则用不同的字眼重述一下，你就会了解我的意思：

1. 人类头脑简单，所以简单一点沟通，他们才听得懂。

2. 人类乐意"自圆其说"，所以对他们编些他们能够理解的故事（人们喜欢听故事）。

3. 人类不太信任别人，所以为他们编些理由，让他们认为自己做了决策。

4. 人们乐意感觉到自己控制一切，虽然事实并不是如此。所以，迁就一下他们，给他们一些简单的事做，重要的事由我们来做。

5. 人们缺乏自信，所以需要不断地反复确认，迎合他们的情绪。

A：哦，是的，你都了解，我很高兴。可是，你知道，那些法则说来容易做起来难，人们不让我们做。

I：不让你们做！如果你们用那种口气对待我们，我们当然不愿意。不过，你是否能说得更明白，或举例说明？

A：是的，例如：人们做错时，我们该怎么办？我们如何告诉他们去改正错误？每一次说出他们做错时，他们就显得不自在，明明是他们做错了，他们就开始抱怨所有的科技，责怪我们所有机器。更糟的是，他们忽略了曾经给出的警告和建议……

I：嗨，嗨，冷静一下。听着，你要遵循我们的游戏规则，让我给你另一项法则，就是第六项法则：

6. 绝对不要用"错误"来形容人的行为。你可以假设错误由一个简单的误会引起的。也许你们误会了人的意思，也许人误会了该怎么做。有时候因为你们要人类做你们机器的工作，远远超越了人类坚持与精准的能力极限。所以，要包容，要多帮助，不要太刻薄。

A：你真是一个固执的人类，难道不是吗？总是站在人类那边："要求人做机器的事"。对，我想就因为你是一个人。

I：没错，我是一个人。

A：啊哈，好的，好的，我了解了。我们真的需要包容你们人类，人类太情绪化了。

I：是的，我们的确如此，我们就是这样进化的。我们碰巧喜欢这样，多谢交谈。

A：是，好了，我们的谈话，总是，这样有益。我刚刚把谈话记录用电子邮件发给你了，再见。

就这样。那次访谈之后，所有的机器都消失了，而我再也没有与他们接触过。没有网页，没有博客，连电子邮件都没有。看来，留给我们的是机器的那最后一句话，也许这结局恰到好处。

# 设计法则摘要

人类设计师设计"智能"机器的设计法则：

1. 提供丰富、有内涵和自然的信号。

2. 具有可预测性。

3. 提供一个好的概念模式。

4. 让输出易于了解。

5. 让使用者持续知悉状况，但不引起反感。

6. 利用自然映射，使互动清楚有效。

由机器发展出来，用于增进与人互动的设计法则：

1. 简化事情。

2. 提供人们一个概念模式。

3. 提供理由。

4. 让人们以为是他们在控制。

5. 反复确定。

6. 绝对不要用"错误"来形容人的行为（人类采访者加上的法则）。

# 推荐参考读物

在这里，我要对所有的信息来源、激励过我的著作以及可以为感兴趣的读者提供精彩的入门要点的书本和文章表达谢意。写一本关于自动化和日常生活的书，最困难之一是如何从范围广泛的研究和应用领域里选择题材。我经常写很长的章节，然而当这本书逐渐成形时，因为有些部分不适合本书的主题，再慢慢地加以删除。要选择一些已经出版的著作放在本书也是一项挑战。传统的学术方式要求罗列所有的参考书目，在这里也不太合适。

为了避免影响阅读时的思路，本书正文内引用的材料也应用了隐形注解这种现代方式。那就是，当你想知道任何一个叙述的来源时，请翻到书末注释部分，寻找相应的页码和段落标识，你就会发现引用之处。同时请注意，经过了四本商业性书籍的写作经验，我警告自己不要使用注脚。我的原则是，如果某件事很重要，就把它放进正文里，否则，就根本不要在正文中提到。所以，注释仅仅为了表明引文出处，并不是正文里引用材料的进一步发挥。

隐形注解的方式并不能节选那些激发我灵感的普通著作。本书里的议题有大量相关书籍的资料。在构思与准备写这本书的几年里，我参观了世界各地很多研究实验室，阅读很多资料，经常与人讨论，也学到很多。以下是与书中议题有关的推荐参考资料，在这里，我感谢那些卓越的研究者和已出版的著作以及发表的文章，他们为进一步研究建立了良好的基础。

## 人因工程与人体工学概览

加弗尔．萨文迪（Gavriel Salvendy）把人因工程学与人体工学各方面的研究整理成一本总览，这是一本非常精彩的入门介绍。这本书很贵，但值得一读，因为它包含了十本书的精华内容。

· Salvendy, G. ( Ed. ). ( 2005 ). Handbook of human factors and ergonomics ( 3rd ed. ). Hoboken, NJ: Wiley.

## 自动化概览

人机互动这方面的文献相当丰富。麻省理工学院的托马斯·谢尔丹（Thomas Sheridan）教授长期领导研究人如何与自动化机器互动，并且发展了监督控制（supervisory control）这一专业研究领域。雷·尼克尔森（Ray Nickerson）、拉贾·帕拉休拉曼（Raja Parasuraman）、汤姆·谢里登（Tom Sheridan）和戴维·伍兹（David Woods）等人也提供了很重要的自动化研究总览。重要的人与自动化议题都能在这些综合性著作里获得。我尽量列出在这方面研究比较新的著作，当然，这些书中也会提到本领域的发展史和经典著作。

· Hollnagel, E. , & Woods, D. D. ( 2005 ). Joint cognitive systems: Foundations of cognitive systems engineering. New York: Taylor & Francis.

· Nickerson, R. S. ( 2006 ). Reviews of human factors and ergonomics. Wiley series in systems engineering and management. Santa Monica, CA: Human Factors and Ergonomics Society.

· Parasuraman, R. , & Mouloua, M. ( 1996 ). Automation and human performance: Theory and applications. Mahwah, NJ: Lawrence Erlbaum Associates.

· Sheridan, T. B. (2002). Humans and automation: System design and research issues. Wiley series in systems engineering and management. Santa Monica, CA: Human Factors and Ergonomics Society.

· Sheridan, T. B., & Parasuraman, R. (2006). Human-automation interaction. In R. S. Nickerson (Ed.), Reviews of human factors and ergonomics. Santa Monica, CA: Human Factors and Ergonomics Society.

· Woods, D. D., & Hollnagel, E. (2006). Joint cognitive systems: Patterns in cognitive systems engineering. New York: Taylor & Francis.

## 智能车辆方面的研究

R·毕肖普（R. Bishop）的著作和相关网页综合介绍了智能车辆方面的研究。另外也可以浏览美国或欧盟交通部（Department of Transportation）的网页。使用互联网搜索引擎，查询"intelligent vehicle"等关键字，最好再加上"DOT"或"EU"。

约翰·李（John Lee）在加弗尔. 萨文迪 Gavriel Salvendy 的著作中写了关于自动化的一章，非常精彩。如果你在读那本书，也可以顺道看看戴维·伊比（David Eby）和巴瑞·坎特威茨（Barry Kantowitz）写的有关汽车的人因工程及人体工学研究。阿尔弗雷德·欧文（Alfred Owens）、加布里埃尔·赫尔墨斯（Gabriel Helmers）和迈克·西瓦克（Kichael Sivak）在《人体工学》（*Ergonomics*）月刊上发表论文，强烈建议将以人为本的设计理念应用到智能汽车和公路的设计中。他们在 1993 年就呼吁这一理念，自从文章发表之后，实际上现在才被人们接受，而且随着很多新系统被研发出来，他们的观点越来越有说服力。

· Bishop, R. (2005). Intelligent vehicle technology and trends. Artech House ITS Library. Norwood, MA: Artech House.

· ——. （2005）. Intelligent vehicle source website. Bishop Consulting, www. ivsource. net.

· Eby, D. W. , & Kantowitz, B. （2005）. Human factors and ergonomics in motor vehicle transportation. In G. Salvendy （Ed. ）, Handbook of human factors and ergonomics （3rd ed. ,1538 – 69）. Hoboken, NJ: Wiley.

· Lee, J. D. （2005）. Human factors and ergonomics in automation design. In G. Salvendy （Ed. ）, Handbook of human factors and ergonomics （3rd ed. ,1570 – 96, but see especially 1580 – 90）. Hoboken, NJ: Wiley.

· Owens, D. A. , Helmers, G. , & Sivak, M. （1993）. Intelligent vehicle high-way systems: A call for user – centered design. Ergonomics, 36（4）, 363 – 69.

### 其他自动化议题

信任是与机器互动很重要的一个因素：缺乏信任的话，人就不会遵循机器的建议。可是，如果过度信赖机器，也不合适。这两个极端态度是难以计数的民用航空领域事故的重要原因。拉贾·帕拉休拉曼（Raja Parasuraman）和他的同事做了自动化、信任和礼仪（etiquette）方面的重要研究。约翰·李（John Lee）广泛地研究了信任在自动化中的角色，李和卡特里娜·西（Katrina See）这方面的研究对我这本书很重要。

礼仪指的是人与机器互动之间应该遵守的礼节。关于这方面的研究，最常听到的恐怕是拜伦·里弗斯（Byron Reeves）和克利福德·奈斯（Cliff Nass）的书，也可以看看帕拉休拉曼和克瑞斯·米勒（Chris Miller）写的文章。这些论点都包含在自动化的概要论述里。

在这儿，状况感知也是很重要的议题，米卡·安斯利（Mica Endsley）和她同事的著作是必读的。先读安斯利的两本书，或者她与丹尼尔·加兰德（Daniel Garland）合著的一章，收录在帕拉休拉曼（Parasuraman）和穆斯塔法·莫楼（louMustapha Mouloua）所著的书中。

· Endsley, M. R. （1996）. Automation and situation awareness. In R. Parasuraman & M. Mouloua （Eds.）, Automation and human performance: Theory and applications, 163 – 81. Mahwah, NJ: Lawrence Erlbaum Associates.

· Endsley, M. R., Bolté, B., & Jones, D. G. （2003）. Desiging for situation awareness: An approach to user – centered design. New York: Taylor & Francis.

· Endsley, M. R., & Garland, D. J. （2000）. Situation awareness: Analysis and measurement. Mahwah, NJ: Lawrence Erlbaum Associates.

· Hancock, P. A., & Parasuraman, R. （1992）. Human factors and safety in the design of intelligent vehicle highway systems （IVHS）. Journal of Safety Research, 23(4), 181 – 98.

· Lee, J., & Moray, N. （1994）. Trust, self – confidence, and operators' adaptation to automation. International Journal of Human – Computer Studies, 40(1), 153 – 84.

· Lee, J. D., & See, K. A. （2004）. Trust in automation: Designing for appropriate reliance. Human Factors, 46(1), 50 – 80.

· Parasuraman, R., & Miller, C. （2004）. Trust and etiquette in high – criticality automated systems. Communications of the Association for Computing Machinery, 47(4), 51 – 55.

· Parasuraman, R., & Mouloua, M. （1996）. Automation and human performance: Theory and applications. Mahwah, NJ: Lawrence Erlbaum Associates.

· Reeves, B., & Nass, C. I. （1996）. The media equation: How people treat computers, television, and new media like real people and places. New York: Cambridge University Press.

### 自然的和内隐的互动：安静的、看不到的、背景科技

传统的人机互动的研究取向正在改变中。新的方向如内隐的互动、自然的互动、共生系统、安静的科技和周边的科技。这个新方向包含马克·韦泽（Mark Weiser）在无所不在的电脑科技方面的研究，还有他与约翰·西里·布朗（John Seely Brown）关于《安静的电脑》（*Calm Computing*）的著作，以及我写的一本书《看不到的电脑》（*The Invisible Computer*）。"背景科技"（ambient technology）指的是把科技融合于四周的环境和公共设施，让科技渗透到周边环境。服务于荷兰爱何文（Eindhoven）菲利普研究中心的埃米尔·阿尔茨（Emile Aarts）出版了两本书，很生动地展示了这种研究方向。其中一本与斯蒂法诺·马里亚诺（Stefano Marzano）合作，另一本与乔斯刘易斯·因科内克（Jose Luis Encanação）合作。

内隐的互动也高度相关。斯坦福大学的温蒂·居（Wendy Ju）和拉瑞·雷夫（Larry Leifer）阐述了内隐互动在互动设计发展领域里的重要性。然而，互动是不易捉摸的事，要做得好，需要向对方明白表态和提供反馈。自动化系统不仅要能够示意它可能做的动作，而且也要能注意到人的内隐反应：这不是一件简单的事。

在写这本书时，我去拜访了佛罗里达人机认知研究中心（Florida Institute for Human and Machine Cognition）。我深深认为研究员们的工作内容和原理方法都与人机互动高度关联，欲知详细内容，请看盖瑞·凯利（Gary Klein）、戴维·伍兹（David Woods）、杰弗瑞·布莱德肖（Jeffrey Bradshaw）、罗伯特·霍夫曼（Robert Hoffman）及保罗·法塔维奇（Paul feltovich）等人的文章。有关这种研究方法在社会性科技系统的应用，可以参考戴维·埃克尔斯（David Eccles）和保罗·格罗思（Paul Groth）的精彩概述。

· Aarts, E. , & Encarnação, J. L. ( Eds. ). ( 2006 ). True visions: The emergence of ambient intelligence. New York: Springer.

· Aarts, E. , & Marzano, S. ( 2003 ). The new everyday: Views on ambient intelligence. Rotterdam, the Netherlands: 010 Pub – lishers.

· Eccles, D. W. , & Groth, P. T. ( 2006 ). Agent coordination and communication in sociotechnological systems: Design and measurement issues. Interacting with Computers, 18, 1170 – 1185.

· Ju, W. , & Leifer, L. ( In press, 2008 ). The design of implicit interactions. Design Issues: Special Issue on Design Research in Interaction Design.

· Klein, G. , Woods, D. D. , Bradshaw, J. , Hoffman, R. R. , & Feltovich, P. J. ( 2004, November/December ). Ten challenges for making automation a "team player" in joint human – agent activity. IEEE Intelligent Systems, 19( 6 ), 91 – 95.

· Norman, D. A. ( 1998 ). The invisible computer: Why good products can fail, the personal computer is so complex, and information appliances are the solution. Cambridge, MA: MIT Press.

· Weiser, M. ( 1991, September ). The computer for the 21st century. Scientific American, 265, 94 – 104.

· Weiser, M. , & Brown, J. S. ( 1995 ). "Designing calm technology."

. ( 1997 ). The coming age of calm technology. In P. J. Denning & R. M. Metcalfe ( Eds. ), Beyond calculation: The next fifty years of computing. New York: Springer – Verlag.

## 弹性工程

俄亥俄州立大学的戴维·伍兹（David Woods）的学术著作对我影响深远。尤其是他与艾瑞克·赫奈尔（Erik Hollnagel）的近作对我的影响很大。

伍兹与赫奈尔是弹性工程学（Resilience Engineering）的先驱者。目标是设计出一种冗余系统，对本书中讨论的人与自动化之间复杂的互动有极度容忍性（伍兹是最早提出笨拙自动化〔clumsy automation〕一词的人）。请参考艾瑞克·赫奈尔、戴维·伍兹和南希·利文森（Nancy Leveson）编纂的书，以及其他两本由赫奈尔和伍兹写的书。

· Hollnagel, E. , & Woods, D. D. （2005）. Joint cognitive systems：Foundations of cognitive systems engineering. New York：Taylor & Francis.

· Hollnagel, E. , Woods, D. D. , & Leveson, N. （2006）. Resilience engineering：concepts and precepts. London：Ashgate.

· Woods, D. D. , & Hollnagel, E. （2006）. Joint cognitive systems：Patterns in cognitive systems engineering. New York：Taylor & Francis.

### 智能产品的经验

当我快完成这本书的草稿时，荷兰戴佛特科技大学的戴维·凯森（David Keyson）寄给我关于"智能产品的经验"一章的草稿，该文内容与本书高度相关。我向他深深致谢：不但寄给我他的文章，也提供我拜访他研究室的机会——一个非常安静、幽雅智能的实验室。

· Keyson, D. （2007）. The experience of intelligent products. In H. N. J. Schifferstein & P. Hekkert （Eds. ）, Product experience：Perspectives on human – product interaction. Amsterdam：Elsevier.

# 注释

第一章

P13 "对同一道菜……"通用电气（GE）公司电烤箱 Spacemaker Electric Oven 使用者手册，DE68－02560A，2006 年 1 月。

P14 "人脑和电脑能密切协作……"（李克莱德 Licklider，1960）。

P17 "H—比喻"（法兰德斯 Flemisch，et al.，2003；古德里奇，舒特，法兰德斯和威廉姆斯等，2003Goodrich，Schutte，Flemisch，&Williams，2006）。

P20 "斯特罗斯的科幻小说《终端渐速》"（斯特罗斯 Stross，2005）。

P21 "研究者声称机器人不久即将为人类做很多事……"（梅森 Mason，2007）。

P22 "感性的智慧型环境座谈会"节录自一封电子邮件会议通知。原文已删除，其中缩写"AmI"也改为"Ambient Intelligence"（周遭环境智慧）；请参考网页：WWW. di. unibait/intint/ase07. html。

P23 "麻省理工学院媒体研究室的一组研究者"［李，博纳尼，斯宾诺莎，利伯曼和赛尔柯（Lee，Bonanni，Espinosa，Lieberman，&Selker），2006］。

P23 "'厨房通'是一个充满着感应器、连通网络的厨房研究平台……"［李（Lee）等，2006］。

P24 "《关键报告》是虚构的，可是电影里面描述的科技……"［劳斯克奇（Rothkerch），2002］。

## 第二章

P29 "但是这方面的研究比较着重于工业和军事装备……"这方面的研究用了不同的名目，欲知一些重要的研究结果摘要，请参考帕拉休拉曼和瑞利（Parasuraman&Riley）（1997）、萨文迪（Salvendy）（2005）与谢里登（Sheridan）（2002）的著作。

P33 "这三个层次的描述……"［马克廉（MacLean），1990；马克廉和克拉尔（MacLean&Kral），1973］。

P33 ~ 34 "我在自己的书《情感化设计》……"欲知这方面的科学探讨，请参考我与奥特尼、雷维尔在2005年发表的研究报告［奥特尼，诺曼和雷维尔（Ortony，Norman，&Revelle），2005］。另请参考我的书。

P39 "艾伦和芭芭拉开始有很多共同……"［克拉克（Clark），1996，p. 12］。

## 第三章

P48 "而当吸尘器的软管被物体堵塞……"逮到你了。你来这里是否因为你认为吸尘器内有障碍物时声音频率会降低？不是的，它会提高。并不是因为马达要更用力，而是因为软管阻塞时，管内没有空气通过，就没有空气阻力，马达就能转得更快。不相信的话，你可以自己试试看。

P48 "将行为上的'内隐沟通'定义为……"（以及下面引用的文字）［卡斯托佛朗奇（Castlefranchi），2006］。

P51 "维尔·黑尔（Will Hill）、吉姆·赫兰（Jim Hollan）、戴夫·罗

布鲁斯基（Dave Wroblewski）和提姆·麦肯莱斯（Tim McCandless）"〔黑尔（Hill）等，1992〕。

P52 "很重要的一本书《符号学工程》……"〔克莱丽萨·苏萨（Clarisse de Souza），2005〕。

P52 "'示能'一词……"〔吉普森（Gibson），1979〕。

P54 "实验室里的一个研究项目。正在被美国太空总署和德国布蓝兹维的运输系统中心……"〔佛雷米西（Flemisch）等，2003〕。

P57 "策略脚可以让人工操作者与系统灵活互动……"〔米勒（Miller）等，2005〕。请注意：在这里用的"Playbook"这个字是智能信息技术公司（Smart Information Flow Technologies）位于明尼阿波利斯（Minneapolis），明尼苏达州（Minnesota）的注册商标。

P61 "一个打算在图森机场降落但差点出事的驾驶员……"〔利维（Levin），2006〕。这个驾驶员的保密报告是来自美国太空总署的飞行安全自愿报告系统（Aviation Safety Reporting System，请参考 asrs. arc. nasa. gov/overview. . htm）。

P61 "让驾驶看起来更危险，反而可以使开车更安全。"〔汉密尔顿－贝利和琼斯（Hamilton－Baillie&Jones），2005；麦克尼科尔（McNichol），2004〕。

P62 "'风险稳态'是研究安全的文献里用于这种现象的科学用语。……自从这个论点在20世纪80年代由荷兰的心理学家威尔德提出后，引起了正反争论。"〔威尔德（Wilde），1982〕。

P62 "这就是荷兰交通工程师汉斯. 蒙德门……"〔艾略特，麦科尔和肯尼迪（Elliott，McColl，& Kennedy），2003；汉密尔顿－贝利和琼斯（Hamilton－Baillie&Jones），2005；麦克尼科尔（McNichol），2004〕。

P62 "赞成这个主张的人把这方法称为'共享空间'。"（请参考 www. shared－space. org）。"共享空间"也是欧盟经由北海区域间合作计划

（InterregNorth Sea Program）赞助的一个国际性研究项目的名称。

P62 "共享空间。这是公共空间设计的一个新方法……"（引自共享空间网站：www. shared – space. org）。

P63 "特别是英国的研究员爱里奥（Elliott）、马可（McColl）和肯尼迪（Kennedy）……"［艾略特（Elliott）等，2003］，这段引言来自肯尼迪（Kennedy），2006。

P64 "居家生活中，跌倒和中毒是意外受伤和死亡的最大原因。"（出自国家伤害预防与控制中心，2002）。

P64 "其危险性和酒驾一样。"［斯特雷耶，德鲁斯和克劳奇（Strayer, Drews&Crouch），2006］。

P67 "以'酷博特'或'协作机器人'（Cobot or Collaborative Robot）为例……"（科尔盖特，沃纳苏福 – 普瑞斯和佩什金（Colgate, Wannasupho – prasit, &Peshkin），1996］。

P67 "最聪明的物件是那些能与人的智力互补的……"［2001 年 12 月 21 日迈克·佩什金（Michael Peshkin）寄的电子邮件，已稍加修改］。

P68 "令人兴奋的可能应用之一是……"［科尔盖特（Colgate）等，1996］。这里删去学术用语使文章比较易读。原文里提到罗森伯格（Rosenberg，1994）和凯利 & 斯科蒂（Kelley&Salcudean，1994）分别在"虚拟实体墙"和"魔术鼠标"方面的贡献。

第四章

P72 "驾驶人受困环岛十四小时，"这是我在愚人节为计算机通讯杂志《RISKS 电子通讯》写的虚构故事。该杂志致力于报道电脑系统的意外事件、人为错误和不良设计。

P74 "注意！人已成为他们工具的工具。"［梭罗和克莱默

（Thoreau&Cramer），1854/2004]。

　　P74 "梭罗本人也是技术狂…"［裴卓斯基（Petroski），1998]。

　　P75 "已经变成有轮子的电脑。"［洛尔（Lohr），2005 年 8 月 23 日]。还可以参考 "绝对不只是技术员，还有更多：计算机专业为传统工作增加了新技能（纽约时报，C1 - C2）"。

　　P87 "我曾讨论过目前的半自动化系统……"［诺曼（Norman），1990]。

　　P89 "可是当系统发生故障时……"［玛利诺斯、谢尔丹和玛尔特（Marinakos，Sheridan，&Multer），2005]。在此文献中玛利诺斯（Marinakos）等人引用了史坦顿和杨恩（Stanton&Young）的一项研究（1998）。

　　P89 "即将驶入阿旺河……"［时代在线（Times online），www. timesonline. com. uk/article/0，，2 - 2142179，00. html，2006 年 4 月 20 日。.《卫星导航让迟钝的司机淹没在深水里》作者：西蒙·冯·布鲁塞尔，2006 年 6 月 18 日]。

　　P89 "皇家号邮轮搁浅……"（德甘，国家运输安全委员会，1997）。

第五章

　　P94 "莫扎本人对受到限制的控制系统的智能程度有更多评价：……"［莫扎（Mozer），2005]。经约翰威利父子（John Wiley&Sons）出版社同意转载。

　　P96 "英国微软剑桥研究院……"［泰勒（Taylor. ）等 2007]。

　　P100 "在乔治亚理工学院（Georgia Institute of Technology）的'明智之家'（Aware Home）……"［取材自乔治亚理工学院 "每日计算"（Everyday Computing）网站 www. static. cc. gatech. edu/fce/ecl/projects/dejaVu/cc/index. html]。

P103 "自动化通常听起来很迷人……有时候，你还是需要真正的人手。" [强生（Johnson），2005]。

P103 "社会心理学家西奥山·儒博夫……" [儒博夫（Zuboff），1988]。

第六章

P110 "我正在智利威纳得玛的一个会议上……" [取自微软公司乔纳森·古迪（Jonathan Grudin）2007年5月的电子邮件]。已取得转载许可。

P118 "魏瑟和布朗这样描述……" [魏瑟和布朗（Weiser&Brown），1997]。

第七章

P124 "假如我们身边的物件都是活生生的，那会是什么样子?" [梅斯（Maes），2005]。

P124 "很久很久以前，在那个不同的时代……" 这本书后来出版了，书名为《设计心理学》，后又改名为《日常的设计》（诺曼，1988年《设计心理学》《日常的设计》）。

P127 "机器人也快出现了……" 有关日常生活中机器人的这些材料有的是改写自我过去在《交互》（Interactions）期刊上发表的文章。《交互》是计算机设备协会（Association for Computing Machinery）发行的刊物。

P130 "钻石年代" [史蒂芬逊（Stephenson），1995]。

P132 "经验会改变大脑……" [希尔和施耐德（Hill&Schneider），2006]。

P133 "人类在规划……" 引自我于1993年出版的《心科技》一书

［诺曼（Norman），1993］。

　　P136"设计：有计划地改变环境……"这个定义是与约翰·赫斯克特（John Heskett）长时间讨论之后得到的。赫斯克特（Heskett）对设计的定义是：人的独特能力，用来改变环境以满足我们的需求并赋予生命意义。

　　P139"这未来的世界让人心驰神往……"这些词汇是从戴维·克森（David Keyson）的"智能产品的经验"这一章中借用来的。这篇文章是在我快完成本书最后一章时寄达我的电子邮件信箱，好巧［克森（Keyson），2007，第956页］。

　　后记：机器的观点

　　P144"人类……体积大，维修费用高……"［考夫曼（Kaufman）等，1995，安德森2007年节选，（cited in Anderson），2007］。

　　P148"福特主义"［休斯（Hughes），1989］。

　　P148"艾西莫夫的训令。"这好像与人类作家艾西莫夫所写的"机器人法则"相映成趣［机器人法则（Laws of Robotics），艾西莫夫，（Asimov），1950］。真有意思，他们竟然注意到这些。

　　P148"愿福特和阿西莫夫给你们指明道路……"这里似乎是指亨利·福特，他发明了第一套大批量生产线。这应该是在取笑赫胥黎（Huxley），1932在他的《美丽新世界》（Brave New World）一书中用到福特的名字。想一想，那正是这些机器在为我们计划的：一个赫胥黎的美丽新世界。想起来真是可怕。

# 参考文献

· Aarts, E. , & Encarnação, J. L. (Eds. ) . (2006) . True visions: The emergence of ambient intelligence. New York: Springer.

· Aarts, E. , & Marzano, S. (2003) . *The new everyday: Views on ambient intelligence.* Rotterdam, the Netherlands: 010 Publishers.

· American Association for the Advancement of Science (AAAS) . (1997). World's "smartest" house created by CU – Boulder team. Available at www. eurekalert. org/pub_releases/1997 – 11/UoCaWHCB – 131197. php.

· Anderson, R. J. (2007) . Security engineering: *A guide to building dependable distributed systems.* New York: Wiley.

· Asimov, I. (1950) . I, Robot. London: D. Dobson.

· Bishop, R. (2005a) . *Intelligent vehicle technology and trends.* Artech House ITS Library. Norwood, MA: Artech House.

——. (2005b) . Intelligent vehicle source website. Bishop Consulting. Available at www. ivsource. net.

· Castlefranchi, C. (2006) . From conversation to interaction via behavioral communication: For a semiotic design of objects, environments, and behaviors. In S. Bagnara & G. Crampton – Smith (Eds. ) , *Theories and practice in interaction design*, 157 – 79. Mahwah, NJ: Lawrence Erlbaum Associates.

· Clark, H. H. (1996) . *Using language.* Cambridge, UK: Cambridge University Press.

· Colgate, J. E. , Wannasuphoprasit, W. , & Peshkin, M. A. (1996). Cobots: Robots for collaboration with human operators. *Proceedings of the International Mechanical Engineering Congress and Exhibition*, DSC – Vol. 58, 433 – 39.

· de Souza, C. S. (2005). *The semiotic engineering of human computer interaction*. Cambridge, MA: MIT Press.

· Degani, A. (2004). Chapter 8: The Grounding of the *Royal Majesty*. In A. Degani (Ed. ), *Taming HAL: Designing Interfaces beyond* 2001. New York: Palgrave Macmillan. For the National Transportation Safety Board's report, see www. ntsb. gov/ublictn/1997/MAR9701. pdf.

· Eby, D. W. , & Kantowitz, B. (2005). Human factors and ergonomics in motor vehicle transportation. In G. Salvendy (Ed. ), Handbook of human factors and ergonomics (3rd ed. , pp. 1538 – 1569). Hoboken, NJ: Wiley.

· Eccles, D. W. , & Groth, P. T. (2006). Agent coordination and communication in sociotechnological systems: Design and measurement issues. Interacting with Computers, 18, 1170 – 1185.

· Elliott, M. A. , McColl, V. A. , & Kennedy, J. V. (2003). *Road design measures to reduce drivers' speed via "psychological" processes: A literature review*. (No. TRL Report TRL 564). Crowthorne, UK: TRL Limited.

· Endsley, M. R. (1996). Automation and situation awareness. In R. Parasuraman & M. Mouloua (Eds. ), *Automation and human performance: Theory and applications*, 163 – 81. Mahwah, NJ: Lawrence Erlbaum Associates. Available at www. satechnologies. com/Papers/pdf/SA&Auto – Chp. pdf.

· Endsley, M. R. , Bolte, B. , & Jones, D. G. (2003). *Designing for situation awareness: An approach to user – centered design*. New York: Taylor & Francis.

· Endsley, M. R. , & Garland, D. J. (2000). *Situation awareness: A-*

*nalysis and measurement.* Mahwah，NJ：Lawrence Erlbaum Associates.

· Flemisch，F. O.，Adams，C. A.，Conway，C. S. R.，Goodrich，K. H.，Palmer，M. T.，& Schutte，P. C.（2003）. *The H – metaphor as a guideline for vehicle automation and interaction.*（NASA/TM—2003 – 212672）. Hampton，VA：NASA Langley Research Center. Available at http：//ntrs. nasa. gov/archive/nasa/casi. ntrs. nasa. gov/20040031835_2004015850. pdf.

· Gibson，J. J.（1979）. *The ecological approach to visual perception.* Boston：Houghton Mifflin.

· Goodrich，K. H.，Schutte，P. C.，Flemisch，F. O.，& Williams，R. A.（2006）. Application of the H – mode, a design and interaction concept for highly automated vehicles，to aircraft. *25th IEEE/AIAA Digital Avionics Systems Conference 1 – 13.* Piscataway，NJ：Institute of Electrical and Electronics Engineers.

· Hamilton – Baillie，B.，& Jones，P.（2005，May）. Improving traffic behaviour and safety through urban design. *Civil Engineering，158*（5），39 – 47.

· Hancock，P. A.，& Parasuraman，R.（1992）. Human factors and safety in the design of intelligent vehicle highway systems（IVHS）. *Journal of Safety Research，23*（4），181 – 98.

· Hill，W.，Hollan，J. D.，Wroblewski，D.，& McCandless，T.（1992）. Edit wear and read wear：Text and hypertext. *Proceedings of the 1992 ACM Conference on Human Factors in Computing Systems（CHI'92）.* New York：ACM Press.

· Hill，N. M.，81 Schneider，W.（2006）. Brain changes in the development of expertise：Neuroanatomical and neurophysiological evidence about skill – based adaptations. In K. A. Ericsson，N. Charness，P. J. Feltovich，& R. R. Hoffman（Eds. )，*Cambridge Handbook of Expertise and Expert Performance*，655 –

84. Cambridge, UK: Cambridge University Press.

· Hollnagel, E., & Woods, D. D. (2005). *Joint cognitive systems: Foundations of cognitive systems engineering*. New York: Taylor & Francis.

· Hollnagel, E., Woods, D. D., & Leveson, N. (2006). *Resilience engineering: Concepts and precepts*. London: Ashgate.

· Hughes, T. P. (1989). *American genesis: A century of invention and technological enthusiasm, 1870 – 1970*. New York: Viking Penguin.

· Huxley, A. (1932). *Brave new world*. Garden City, NY: Doubleday, Doran & Company. Available at http://huxley. net/bnw/index. html.

· Johnson, K. (2005, August 27). Rube Goldberg finally leaves Denver airport. *New York Times*, 1.

· Ju, W., & Leifer, L. (In press, 2008). The design of implicit interactions. *Design Issues: Special Issue on Design Research in Interaction Design*.

· Kaufman, C., Perlman, R., & Speciner, M. (1995). Network Security: Private Communication in a Public World. Englewood, NJ: Prentice Hall.

· Kelley, A. J., & Salcudean, S. E. (1994). On the development of a force – feedback mouse and its integration into a graphical user interface. In C. J. Radcliffe (Ed.), *International mechanical engineering congress and exposition (Vol. DSC 55 – 1, 287 – 94)*. Chicago: ASME.

· Kennedy, J. V. (2005). Psychological traffic calming. Proceedings of the 70th Road Safety Congress. Http://www. rospa. com/roadsafety/conferences/congress2005/info/ kennedy. pdf

· Keyson, D. (2007). The experience of intelligent products. In H. N. J. Schifferstein & P. Hekkert (Eds.), *Product experience: Perspectives on human – product interaction*. Amsterdam: Elsevier.

· Klein, G. , Woods, D. D. , Bradshaw, J. , Hoffman, R. R. , & Feltovich, P. J. (2004, November/December) . Ten challenges for making automation a "team player" in joint human – agent activity. *IEEE Intelligent Systems*, 19 (6), 91 –95. A

· Lee, C. H. , Bonanni, L. , Espinosa, J. H. , Lieberman, H. , & Selker, T. (2006) . Augmenting kitchen appliances with a shared context using knowledge about daily events. *Proceedings of Intelligent User Interfaces 2006.*

· Lee, J. , & Moray, N. (1994) . Trust, self – confidence, and operators' adaptation to automation. *International Journal of Human – Computer Studies*, *40* (1), 153 –84.

· Lee, J. D. (2005) . Human Factors and ergonomics in automation design. In G. Salvendy (Ed. ), Handbook of human factors and ergonomics (3rd ed. , pp. 1570 –1596, but especially see 1580 – 1590) . Hoboken, NJ: Wiley.

· Lee, J. D. , & See, K. A. (2004) . Trust in automation: Designing for appropriate reliance. Human Factors, 46 (1), 50 –80.

· Levin, A. (2006, updated June 30) . Airways in USA are the safest ever. *USA Today.* Available at
www. usatoday. com/news/ nation/2006 –06 –29 – air – safetycover_x. htm.

· Licklider, J. C. R. (1960, March) . Man – computer symbiosis. *IRE Transactions in Electronics*, *HFE* –1, 4 –11. Available at
http: //medg. lcs. mit. edu/people/psz/Licklider. html.

· Lohr, S. (2005, August 23) . A techie, absolutely, and more: Computer majors adding other skills to land jobs. *New York Times*, C1 –C2.

· MacLean, P. D. (1990) . *The triune brain in evolution. New York*: Plenum Press.

· MacLean, P. D. , & Kral, V. A. (1973). A triune concept of the brain and behaviour. Toronto: University of Toronto Press.

· Maes, P. (2005, July/August). Attentive objects: Enriching people's natural interaction with everyday objects. *Interactions*, *12* (4), 45 – 48.

· Marinakos, H. , Sheridan, T. B. , & Multer, J. (2005). *Effects of supervisory train control technology on operator attention.* Washington, DC: U. S. Department of Transportation, Federal Railroad Administration. Available at www. volpe. dot. gov/opsad/ docs/dot – fra – ord – 0410. pdf.

· Mason, B. (2007, February 18). Man's best friend just might be a machine: Researchers say robots soon will be able to perform many tasks for people, from child care to driving for the elderly. ContraCostaTimes. com. Available at www. contracostatimes. com/mld/cctimes/news/local/states/california/16727757. htm.

· McNichol, T. (2004, December). Roads gone wild: No street signs. No crosswalks. No accidents. Surprise: Making driving seem more dangerous could make it safer. *Wired*, *12*. Available at www. wired. com/wired/archive/12. 12/traffic. html.

· Miller, C. , Funk, H. , Wu, P. , Goldman, R. , Meisner, J. , & Chapman, M. (2005). The Playbook approach to adaptive automation. Available at http: //rpgoldman. real – time. com/papers/ MFWGMCH-FES2005. pdf.

· Mozer, M. C. (2005). Lessons from an adaptive house. In D. Cook &. R. Das. (Eds. ), *Smart environments*: *Technologies*, *protocols*, *and applications*, 273 – 94. Hoboken, NJ: J. Wiley & Sons.

· National Center for Injury Prevention and Control. (2002). CDC industry research agenda. Department of Health and Human Services, Centers for Disease Control and Prevention. Available at www. cdc. gov/ncipc/pubres/ research_agenda/Re – search%20 Agenda. pdf.

· National Transportation Safety Board. （1997）. *Marine accident report grounding of the Panamanian passenger ship Royal Majesty on Rose and Crown Shoal near Nantucket*, *Massachusetts*, *June 10*, *1995.* （No. NTSB Report No: MAR – 97 – 01, adopted on 4/2/ 1997）. Washington, DC: National Transportation Safety Board. Available at www. ntsb. gov/publictn/1997/MAR9701. pdf.

· Nickerson, R. S. （2006）. *Reviews of human factors and ergonomics.* Wiley series in systems engineering and management. Santa Monica, CA: Human Factors and Ergonomics Society.

· Norman, D. A. （1990）. The "problem" of automation: Inappropriate feedback and interaction, not "over – automation". In D. E. Broadbent, A. Baddeley, & J. T. Reason （Eds.）, *Human factors in hazardous situations*, 585 – 93. Oxford: Oxford University Press.

· ——. （1993）. *Things that make us smart.* Cambridge, MA: Perseus Publishing.

· ——. （1998）. *The invisible computer: Why good products can fail*, *the personal computer is so complex*, *and information appliances are the solution.* Cambridge, MA: MIT Press.

· ——. （2002）. The design of everyday things. New York: Basic Books. （Originally published *as The psychology of everyday things.* New York: Basic Books, 1988.）

· ——. （2004）. *Emotional design: Why we love （or hate） everyday things.* New York: Basic Books.

· Ortony, A., Norman, D. A., & Revelle, W. （2005）. The role of affect and proto – affect in effective functioning. In J. – M. Fellous & M. A. Arbib （Eds.）, *Who needs emotions? The brain meets the robot*, 173 – 202. New York:

Oxford University Press.

· Ouroussoff, N. (2006, July 30). A church in France is almost a triumph for Le Corbusier. *New York Times.*

· Owens, D. A., Helmers, G., & Silvak, M. (1993). Intelligent vehicle highway systems: A call for user – centered design. Ergonomics, 36 (4), 363 – 369.

· Parasuraman, R., & Miller, C. (2004). Trust and etiquette in a high-criticality automated systems. Communications of the Association for Computing Machinery, 47 (4), 51 – 55.

· Parasuraman, R., & Mouloua, M. (1996). Automation and human performance: Theory and applications. Mahwah, NJ: Lawrence Erlbaum Associates.

· Parasuraman, R., & Riley, V. (1997). Humans and automation: Use, misuse, disuse, abuse. Human Factors, 39 (2), 230 – 53.

· Petroski, H. (1998). *The pencil: A history of design and circumstance* (P. Henry, Ed.). New York: Knopf.

· Plato. (1961). *Plato: Collected dialogues.* Princeton, NJ: Princeton University Press.

· Reeves, B., & Nass, C. I. (1996). *The media equation: How people treat computers, television, and new media like real people and places.* Stanford, CA: CSLI Publications (and New York: Cambridge University Press).

· Rosenberg, L. B. (1994). Virtual fixtures: Perceptual overlays enhance operator performance in telepresence tasks. Unpublished Ph. D. dissertation, Stanford University, Department of Mechanical Engineering, Stanford, CA.

· Rothkerch, I. (2002). *Will the future really look like Minority Report? Jet packs? Maglev cars? Two of Spielberg's experts explain how they invented*

*2054.* Salon. com. Available at

http：//dir. salon. com/story/ent/movies/int/2002/07/10/underkoffler _ belker/ index. html.

· Salvendy, G. (Ed. ) . (2005) . *Handbook of human factors and ergonomics* (3rd ed. ) . Hoboken, NJ： Wiley.

· Schifferstein, H. N. J. , & Hekkert, P. (Eds. ) . (2007) . *Product experience： Perspectives on human – product interaction.* Amsterdam： Elsevier.

· Sheridan, T. B. (2002) . *Humans and automation： System design and research issues.* Wiley series in systems engineering and management. Santa Monica, CA： Human Factors and Ergonomics Society.

· Sheridan, T. B. , &. Parasuraman, R. (2006) . Human – automation interaction. In R. S. Nickerson (Ed. ), *Reviews of human factors and ergonomics.* Santa Monica, CA： Human Factors and Ergonomics Society.

· Stanton, N. A. , & Young, M. S. (1998 ) . Vehicle automation and driving performance. Ergonomics, 41 (7), 1014 – 28.

· Stephenson, N. (1995) . The diamond age： *Or, a young lady's illustrated primer.* New York： Bantam Books.

· Strayer, D. L. , Drews, F. A. , & Crouch, D. J. (2006) . A comparison of the cell phone driver and the drunk driver. *Human Factors*, 48 (2), 381 –91.

· Stross, C. (2005) . *Accelerando.* New York： Ace Books.

· Taylor, A. S. , Harper, R. , Swan, L. , Izadi, S. , Sellen, A. , & Perry, M. (2005) . Homes that make us smart. Personal and Ubiquitous Computing, 11 (5), 383 – 394.

· Thoreau, H. D. , & Cramer, J. S. (1854/2004) . *Walden： A fully annotated edition.* New Haven, CT： Yale University Press.

· Weiser, M. (1991, September) . The computer for the 21st centu-

*ry. Scientific American*, 265, 94 – 104.

· Weiser, M., & Brown, J. S. (1995). *Designing calm technology*. Available at www. ubiq. com/weiser/calmtech/calmtech. htm.

· ——. (1997). The coming age of calm technology. In P. J. Denning & R. M. Metcalfe (Eds.), *Beyond calculation: The next fifty years of computing*. New York: Springer – Verlag.

· Wilde, G. J. S. (1982). The theory of risk homeostasis: Implications for safety and health. *Risk Analysis*, 4, 209 – 25.

· Woods, D. D., 81 Hollnagel, E. (2006). *Joint cognitive systems: Patterns in cognitive systems engineering*. New York: Taylor & Francis.

· Zuboff, S. (1988). *In the age of the smart machine: The future of work and power*. New York: Basic Books.